《破解科学》系列

通信王国的变迁

丛书主编	杨广军
丛书副主编	朱焯炜　章振华　张兴娟
	徐永存　于瑞莹　吴乐乐
本 册 主 编	黄晓春
本册副主编	崔建军　曾小平

天津人民出版社

图书在版编目（CIP）数据

通信王国的变迁／黄晓春主编.--天津：天津人
民出版社，2012.1（2018.5重印）
（巅峰阅读文库.破解科学）
ISBN 978-7-201-07273-9

Ⅰ.①通… Ⅱ.①黄… Ⅲ.①通信技术—普及读物
Ⅳ.①TN91-49

中国版本图书馆CIP数据核字（2011）第245277号

通信王国的变迁
TONGXIN WANGGUO DE BIANQIAN

出　　版　天津人民出版社
出 版 人　黄　沛
地　　址　天津市和平区西康路35号康岳大厦
邮政编码　300051
邮购电话　（022）23332469
网　　址　http://www.tjrmcbs.com
电子邮箱　tjrmcbs@126.com

责任编辑　陈　烨
装帧设计　3棵树设计工作组

制版印刷　北京一鑫印务有限公司
经　　销　新华书店
开　　本　787×1092毫米　1/16
印　　张　11
字　　数　220千字
版次印次　2012年1月第1版　2018年5月第2次印刷
定　　价　21.80元

卷 首 语

在古代，人们通过驿站、飞鸽传书，用烽火报警，用符号、肢体语言等方式进行信息传递。到了今天，随着科学水平的飞速发展，无线电、固定电话、移动电话、互联网等各种通信方式相继出现。通信技术拉近了时空的距离，提高了工作效率，深刻地改变了人类的生活方式和社会面貌。

让我们一起走进本书，走进通信的世界，领略古人通信中的伟大智慧，欣赏现代通信中的卓越成就，畅想未来可能的美好生活吧。

目 录

前人的智慧——古代通信篇

日新月异的变化——现代通信篇

电子产品当家——现代通信工具篇

换只眼睛看通信——通信发展中的关切

前人的智慧

——古代通信篇

公元前490年，希腊人在马拉松镇打退了波斯侵略军，英勇的战士菲迪波德斯一口气跑了42千米，把胜利的信息传到首都雅典后便停止了呼吸。

唐朝天宝十四年十一月九日，安禄山在范阳起兵叛乱。当时唐玄宗正在华清宫，两地相隔三千里，6日之后唐玄宗就知道了这一消息，当时驿马传递速度达到每天五百里。

古人为了消息的迅速传送，想了许许多多的办法：有通过声音来传递，有通过信号来传递，有徒步或驿传等等。让我们一起了解古人的这些方法，领悟他们在通信发展中所展现的智慧。

锣鼓号角齐上阵——音传通信

在史前时代，人类就以各种方法传递信息，慢慢地发展出了语言、绳结和岩画等通信方式。进入部族社会之后，人类出现了战争，更加需要与部落的战士互相沟通协作，所以那个时代的人类用吼声和肢体语言进行联系。据甲骨文记载，商纣王的时候，人们已经普遍利用了音传通信的手段，商代

◆常山战鼓

末年已出现了有组织的音传通信活动，最广泛的使用是在当时的边境地区。

鼓声震天——击鼓传令

鼓是一种打击乐器。鼓是将坚固的鼓身（常为圆桶状）的一面或双面蒙上拉紧的皮革，用手或鼓槌敲击出声。鼓也是一种通信工具，非洲某些部落用鼓声传达信息。鼓在非洲的传统音乐以及在现代音乐中是一种比较重要的乐器，有的乐队完全由以鼓为主的打击乐器

◆唐代铜鼓

通信王国的变迁

◆非洲鼓

组成。除了作为乐器外，在古代鼓还用来传递信息。

古代非洲，没有文字，交通不便，根本谈不上邮政通信事业。非洲人就用特制的、精巧的大鼓来传递信息，他们用一段圆木头，把中间挖空，再用大象耳朵的皮将两端蒙住做鼓皮，这就制成了一面大鼓。这种鼓敲起来非常响亮，三四千米外的地方都可以听到。不仅如此，非洲人还编出了一部"击鼓语汇"，即用多种多样的鼓点来表达各种不同的意思。当地的鼓手根据要传递的信息敲出鼓音时，邻近的鼓手们便一个接着一个地重复相同的鼓声。这样一个部落一个部落地传下去，两小时内便可把甲地的"话"

◆非洲舞蹈

传到50多千米外的乙地。这种办法可以把信息传递得迅速又准确，因为击鼓的声音浑厚有力，传播很快，即使在较远的地方也可以听清楚。据说19世纪末，英国侵略军凭借现代化的枪炮入侵非洲，屠杀当地人民。苏丹军

民奋起抵抗，他们在喀土穆打败了入侵者，而获胜后就是用激烈、喜人的"击鼓语汇"报告了这一胜利的喜讯。如今，在非洲人的舞蹈中，他们边击鼓边起舞，就是一种以鼓声来表达战斗胜利的喜悦情景。

大洋洲的民族在很久以前就制造了另一种传递声音的工具——木瓶。原来在澳大利亚酷旱的沙漠地区，有一种生命力很强的"瓶树"。这种树的树干简直像个大瓶子，直径可达数米，一棵树能装水 40～60 升，这就使它在长期干旱的情况下能维持生命。当人们在沙漠中需要水时，只要在瓶树树干上挖开一个小口，就能立即喝到"清新"的"饮料"。因此，这些树就成了澳大利亚沙漠中的"水库"。在古时候，澳大利亚人还曾把这种瓶树树干锯下来，稍加修整，制成"木瓶"，用来传递信息。这种"木瓶"相当大，敲击起来能发出巨大的声响，可以把声音传得很远。

◆瓶树

◆纺锤树

在拉丁美洲的巴西，有一种纺锤树，也可以制成类似的工具，用以传递信息。

用鼓声传递信息在人类通信史上真可谓是一大发明。

原理介绍

鼓声为什么传得远？

鼓声是一种频率较低、波长较长的声波。凡是波都有一个特性：衍射，即绕过障碍物继续前进。发生明显衍射现象的条件是波长比障碍物大或差不多，由于鼓声的声波比较长，所以能很好地发生衍射现象，绕过障碍物，传到很远的地方。

鼓声震天——击鼓传令

◆吹奏牛角号

◆步兵军号

古代军旅中使用的号是用兽角做成的，故称号角。东汉时由边地少数民族传入中原。由于号角发声高亢凌厉，在战场上用于发号施令或振士气壮军威，如"鸣角收兵"就是用号角声号令收兵。后来号角也用于帝王出行时的仪仗。随着号角被广泛使用，制号角的材料也改用能较易获得的竹木、皮革、铜、螺壳。号角的长短大小有别，以适应不同需要。元明以后，竹木、皮革制作的号角消失，铜角被广泛使用，到清末新军创建，洋式军号盛行，号角就退出了出历史舞台了。

中国人在很早的时候就开始使用号角作为战争的通信联络手段，因为号角方便制造并且演奏容易。更为重要的是，号角的穿透力远远高于其他弦乐器或者敲击乐器，即使是很远的地方也能听得很清楚。

除了号角之外，古代战争还有多种不同的声音联系方式。在西藏著名的民族史诗《格萨尔》中，一个小国——岭国，就有一套完整、灵敏、有效的联络信号："出征时以海螺声为准；射箭时则要听锣鸣；挥刀时长号为命令；投掷长矛时听小鼓声；往后撤退听喇叭鸣；合击时听从小鼓变调。"这段文字很完整地记载了古代战争中信息传递的手段及用途，对研究信息传播史非常有参考价值。

历史典故

号令如山

南宋时期，岳飞勤学苦练，武艺出众，可以左右开弓，百发百中。他作战布阵十分有智谋，统率军队更是号令如山、纪律严明，被百姓称为"冻死不拆屋，饿死不掳掠"的岳家军，令敌军听到"岳家军"三个字就闻风丧胆。

知识库——曹刿论战

鲁庄公和曹刿同坐一辆战车，在长勺与齐军作战。鲁庄公要击鼓进军，曹刿说："不可以。"齐军三次击鼓后，曹刿说："可以（击鼓进军）了。"齐军大败，鲁庄公要下令追击，曹刿说："不可以。"他下了战车去察看齐军的战车在地上轧出的痕迹，又登上车，手扶横木远望败退的齐军，然后说："可以（追击）了。"于是鲁庄公下令追击齐军。

战胜齐国后，鲁庄公问曹刿取胜的原因，曹刿回答说："作战要靠勇气。第一次击鼓能够振作士兵的勇气；第二次击鼓进军的士气就衰落了；第三次击鼓进军的士气就衰竭了。他们的士气已经耗尽了，而我们的士气正旺盛，所以这个时候进军就战胜了他们。像齐国这样的大国，是难以预测的，我害怕他们有伏兵，我看见他们的车迹杂乱，远远望见他们战旗倒下了，所以才追击他们。"

万般花样领风骚——目观传信

《拾遗记》记载，大约3000年以前，暴君纣王想要吞并邻国诸侯，命令宠臣飞廉到附近邻国去搞颠覆活动，并在当地点燃烽燧向纣王报告。纣王登台看到了烽火起处，立刻兴兵前往，灭掉那个国家，俘虏其民，抢掠其女。这段话告诉我们，在商朝末年，我国已经知道用目观通信的技术，比后来周幽王烽火戏诸侯还要早400多年。

◆古长城烽火台

狼烟滚滚报军情

◆长城

凡是到过长城的人，都会发现长长的城墙相隔一定距离就会有一个泥土和石头堆砌成的方形垒台，它高约七八米，比一般城墙高出一截，这就是烽火台，亦称狼烟台。北宋钱易云：凡边疆放火号，常用狼粪烧之以为烟，烟气直上，虽烈风吹之不斜。烽火常用此，故谓"堠"，曰"狼烟"也。

◆八达岭的狼烟

　　也有学者进行考证，说"狼烟"并非真正的狼粪燃烧而起。他们认为，那种冲天的烟完全可以用干柴加湿柴再加油脂烧出来，就是烧半湿的牛粪羊粪也能烧出浓烟来，而湿柴、油脂、半湿的牛羊粪要远比狼粪容易找到。既然狼烟肯定不是狼粪烧出来的，那么古代烽火台上燃起的冲天浓烟为什么叫做狼烟呢？这是因为"狼烟"的本意是，在烽火台上点燃的、报警有崇拜狼图腾的草原民族骑兵进犯关内的烟火信号。

历史典故——幽王烽火戏诸侯

　　周幽王（公元前781—前771年）是西周的最后一个统治者。周幽王昏庸无道，整天沉迷在美女歌舞之中。周幽王有一个爱妾褒姒，长得如花似玉，周幽王十分喜欢她。可她不爱笑，总是板着脸。周幽王为了引她笑，常常想出一些无聊的事来。他听了一个大臣的主意，偕同褒姒到骊山游玩，夜间在骊宫设宴，令人放起烽火。那时为了对付外族入侵，在骊山附近修筑了20多处烟墩，又设置了数十面大鼓，只要敌人入侵就放起烽火，号令各路诸侯发兵增援；再擂起大鼓，

催促各路诸侯速速前来。当时各路诸侯看到烽火，听到鼓声，都以为是外族侵犯镐京（西周国都），便纷纷带兵星夜赶到。目睹这场诸侯被戏弄的恶作剧，褒姒果然破颜一笑。然而众诸侯却恼羞成怒，卷旗而走。不久，犬戎族真的来进犯了，幽王又令人点起烽火，众诸侯无一人来救，敌人把幽王杀死在骊山之下，并掳褒姒而去，西周王朝就此灭亡。

这种用烽火传递军情的通信方法，在我国历史上一直延续到清代。例如明代，为了防止倭寇入侵，在海防军事要地曾设过许多狼烟台，山东省的烟台市就是因此而得名的。

烽火通信属于原始的光通信，它是人类通信活动中最古老的快速通信方法，所以人们都把它誉为古代的"火光电报"。

会"说话"的旗子——旗语

◆体育比赛中手拿红色小旗的发令员

旗语，一种利用手旗传递信号的沟通方式。旗语可分单旗和双旗两种。

1684年英国人罗伯特·虎克（Robert Hooke）利用悬挂数种明显的符号来通讯。1793年法国人夏普（Claude Chappe）利用十字架左右木臂的上下移动所呈现出的位置和角度来表示各个字母，叫做"Semaphore"。据说1814年被放逐的拿破仑从厄尔巴岛潜逃回巴黎的消息即是利用此法迅速传遍欧洲的。

双旗式的旗手双手各拿一面方旗，每只手可指7个方向，除了等待信号之外，两旗不会重叠。手旗旗面沿对角线分为两种颜色，在陆地上使用的为红色和白色，在海上使用的为红色和黄色。旗语可打出字母和数字，但通过一些规范的编码转译，例如中文电码，就可以传达更复杂的信息。

旗语与手势、闪光、烟火等都属于目视通信的范畴。用旗子作为通信工具，是人类祖先的一大发明。

前人的智慧——古代通信篇

◆旗语

早在 2000 多年前，北方匈奴不断入侵，汉王朝为了及时击退入侵者的侵犯，以最快速度调集军队，就用红布和白布做成旌旗，即古书中称为"表"的，作为信号联络之用。每当高高的城楼上出现表示紧急情况的旌旗时，远处的驻军就赶来接应。这或许是人类最早用旗子通信的方式了，在很长的

◆红白旌旗

一段时间里我国一直沿用它。

小知识——旗语始于何时？

大约在公元 17 世纪的时候，随着航海事业的发展，船舰之间为了通信联络的需要，就开始使用旗语了。通信时，水手站在高处的船台上，手持两面不同颜色的手旗——白的、黄的或红的，高高举起一面旗子是一种信号，举起两面旗子是另一种信号，如果在空中挥舞，那又是一种信号，这样利用不同颜色的手旗和不同的动作，就可以传达各种不同的信息了。有时人们还在船的桅杆处升起五颜六色的旗子，用来表达比较复杂的意思。

到了公元 18 世纪末，法国人夏普（Claude Chappe）在旗语的启示下发明了一种远距离通信器——扬旗通信器。这在现代化的通信手段——电报发明以前，要算是一种比较先进的通信方法了。

这种扬旗通信器现在看来并不复杂，它是在一根高高的杆子上端，装置三块能活动的薄板，每一块薄板上都系着一条细绳，通讯员握着绳子的另一端进行操纵。只要牵动细绳，薄板就会随之改变原来的位置，当三块薄板同时向各方转动时，就可以组成不同的形状，形成各种符号了。夏普一共设计出 196 种符号，他用每一种符号来代表一个字母或单字，这样就可以利用一组组不同的符号来表达不同的意思了。

◆夏普

夏普的第一条目视通信线于 1794 年 7 月完成。这条通信线架设在巴黎与里昂之间，相距 120 千米。同年 9 月 1 日，人们就在巴黎通过扬旗通信器收到了里昂发来的一个重要军事情报，这个情报经过 20 个通信站，用了 3 个小时，每小时能传递 40 千米，这个速度使当时的人们都感到震惊。扬旗通信器在延伸通信距离、及时传递较多信息方面确实向前迈出了一大步。

这种扬旗通信器对后世影响很大，现在铁路沿线使用的扬旗就是在它的启示下创建的。扬旗设在车站的两边，是铁路上传递信号用的。它是在一根立柱的顶端，装上能够活动的木板，板横着时表示路轨上没空，指示列车不要进站，板向下时就表示可以进站了。

到了现代，手旗通信也有了发展。现代的舰船上一般都备有几套国际上通用的通信用挂旗，它的每面旗都是由各色的旗纱制成的。每套挂旗有40面，其中26面是代表26个英文字母的方形或燕尾形旗，10面代表数目字的尖形旗，还有3面也是尖形的，叫代替旗，一面呈梯形的答应旗。把这些小旗子按照明码或密码的次序挂到桅杆上，就可以表示一定内容的语言，互相通信联系了。我们在一些反映海战的电影中就可看到舰船之间用旗语进行联系，以及主舰通过旗语调动舰船，变换队形。旗语有用挂旗来表达的，也有两个士兵站在高高的船台上用旗子作出各种姿势进行对话的，这种用旗子"说话"的方式也叫旗语。在科学发达的今天，有时为了防备对方用电子仪器破译无线电

◆国际通用信号旗

◆巡洋舰上挂满了旗子

◆F1赛车旗

讯号，有时为了指挥和联络相近的船只，旗语还常常发挥其微妙的作用。

F1赛车时汽车运动高速刺激，但是最重要的就是安全。为了保证赛事、赛员、其他所有参与人员的安全，汽车运动制定了大量的旗语，用来

提示比赛中的赛员。所有参与赛事的赛员必须熟知全部旗语，并严格遵守旗语，否则，轻者会被罚时、罚钱，重者会被取消成绩，甚至禁赛。

你知道吗？

更多的目观通信

　　古人还发明了很多目观通信的方法，如通过风筝、孔明灯（也叫天灯）、热气球等等来传递各种各样的信息。这些方法在传递信号中获得了巨大的成功，甚至起到了推动历史发展的作用，并且变成了一个个现在看来也很有意思的故事。同学们课余可以通过上网搜索，查找到这些有趣的故事，读一读，了解古人的智慧。

古代军事通信之一
——马拉松跑

马拉松比赛是奥运会的比赛项目之一，是国际上非常普及的长跑比赛项目。马拉松赛全程距离 26 英里 385 码，折合成我国法定计量单位为 42.1951 千米。马拉松比赛分全程马拉松、半程马拉松和四分马拉松三种。你了解这个体育项目的起源吗？这个比赛项目的距离

◆2009 年厦门国际马拉松赛

为什么不是整数呢？这就要从公元前 490 年 9 月 12 日发生的一场战役讲起。

马拉松赛跑的由来

马拉松赛跑是目前为人们熟知的奥运会比赛项目之一，它是一个长跑

◆古代战争场景再现图

通信王国的变迁

◆希腊爱琴海

◆现代马拉松镇

◆雅典卫城

项目。其实，马拉松跑是人类最原始的军事通信形式之一，可以说它是人们在通信方面的一大发明。

公元前 5 世纪下半叶，西亚的波斯帝国经常向周边国力较弱的邻国发动侵略战争。当时波斯帝国统治者是大流士一世，他派出得力干将达提斯从海陆两路向希腊发动了大规模的侵略战争。

波斯军队的目标是希腊的军事要塞马拉松镇。马拉松镇它是希腊的门户，攻克了马拉松，就等于打开了通向希腊的大门。当时波斯军队依仗着人多势众、兵强马壮，不断地向希腊领土挺进。如果丢失此镇，后果不堪设想。希腊军民奋起反抗，与入侵者进行了殊死较量。一场以少胜多、以弱胜强的经典战役出现了，这就是历史上著名的马拉松战役。庞大的波斯军队竟在小小的马拉松镇遭到了惨败。英勇的希腊人民和军队在马拉松镇打退了波斯侵略军，保卫了首都雅典，取得了反侵略战争的胜利。

战场上的希腊军民十分喜悦，为了尽快地让这一喜讯传到首都雅典，统帅米尔迪亚德命令自己的传令兵菲迪波德斯去完成这一光荣的送信任务。这个任务同时也是艰巨的，

◆雅典中心广场

因为此时，传令兵也是刚从浴血奋战的战场回来，周身是伤，并不断流着血，但他还是坚持着去送信。接到统帅的命令，他没有片刻停留，立刻向首都进发了。尽管胜利的喜悦和强烈的爱国心激励着他奋力奔跑，但当这个血战刚罢的战士一口气跑了42千米的路程、满身血污地跑回雅典广场并高声地喊完"我们胜利了！"就倒在地上。他完成了任务，也停止了呼吸，带着胜利的微笑永远地休息了。

万花筒

《我们胜利了》

　　为了纪念菲迪波德斯这个爱国者的壮举，著名法国雕塑家马克斯·克罗塞根据这位英雄的形象，于1881年塑造了富于表现力的雕塑作品《我们胜利了》。塑像为一裸体青年，大步跑着。他右手拿着桂冠，象征胜利；左手捂住胸口，表示筋疲力尽。

名人介绍：奥林匹克运动发起人——顾拜旦

◆顾拜旦

皮埃尔·德·顾拜旦（Pierre De Coubertin，1863—1937）是法国著名的教育家、国际体育活动家和历史学家。是现代奥林匹克运动的发起人。1863年1月1日顾拜旦出生于法国巴黎的一个非常富有的贵族家庭。1896—1925年，他曾任国际奥林匹克委员会主席，并设计了奥运会会徽、奥运会会旗。由于顾拜旦对现代奥林匹克的不朽功绩，被国际上誉为"奥林匹克之父"。

为了纪念马拉松战役，为了纪念菲迪波德斯这位勇士，法国科学院院士米海尔·勃来尔在1895年奥林匹克运动会光复工作开始之际，致函奥运会的发起人顾拜旦男爵，提议举行以马拉松命名的长跑比赛，并得到了支持。1896年，在希腊雅典举行的现代第一届奥林匹克运动会上，就以当年勇士菲迪波德斯跑过的那条

◆第八届奥运会主体育馆——"科龙布"运动场

路线的距离作为一个竞赛项目，定名为马拉松赛跑。

菲迪波德斯用长距离的跑创造了一种令后人永远难以忘却的通信方式。

那么，马拉松赛程究竟有多长？马拉松赛跑的距离在开始几届奥运会上一直没有统一，曾为40千米、40.26千米……直到1924年举行第八届奥运会时，人们重新测量了从马拉松镇到雅典中央广场的距离，才正式定为42.195千米。今天，人们习惯地把一些超乎人们寻常精力的、长时间、长距离、超水平的各种体育比赛也冠以"马拉松"之名。甚至在一些其他领域也用"马拉松"一词来形容，例如，经历一场"马拉松"式的谈判，形容谈判进程的艰难与漫长。

讲解——奥林匹克

奥林匹克是一个翻译词汇，它原指古希腊时期在奥林匹亚举行的对天神宙斯的祭祀活动。祭祀活动中的体育比赛被称之为"奥林匹亚竞技"。文艺复兴时期，人们在研究古希腊文化时，开始把"奥林匹亚竞技"称之为"古代奥林匹克运动会"。由于在古代奥林匹克运动会召开期间同时还要进行诸如学术讨论、诗歌朗诵、艺术展览等其他的一些文化活动，所以人们便把包括奥林匹亚竞技在内的整个活动都冠以"奥林匹克"的称呼。为了与现代奥林匹克相区别，故又称之为"古代奥林匹克"。

世界著名的马拉松赛

美国纽约马拉松赛

纽约马拉松赛创办于1970年，于每年11月初举行。参赛者最多超过10万人，声势浩大，通过纽约大吊桥时连桥身都震动，场面非常壮观。纽约马拉松赛可以说是世

◆纽约马拉松赛

◆波士顿马拉松

界上最受欢迎的马拉松赛之一。

美国波士顿马拉松赛

悉数各个地方的马拉松赛，波士顿马拉松赛可以说是独树一帜，它一直沿用古希腊的方式，对优胜者的奖励只有头戴橄榄叶编成的花冠，颁发奖杯，没有奖金。波士顿马拉松赛开始于 1897 年 4 月 19 日，是全球首个城市马拉松比赛，当时只有 15 位运动员参加。

德国柏林马拉松赛

每年 9 月下旬举行的柏林马拉松赛跻身于世界级马拉松赛之林，很大程度上要感谢它破世界纪录的赛道以及具有超高效率的赛事组委会。但柏林马拉松赛带给大家的绝不仅仅是这些。柏林马拉松赛吸引了大量的观众，热闹而喧哗，比赛路线可以让你来一次 20 世纪历史回顾之旅。

◆柏林马拉松赛

英国伦敦马拉松赛

伦敦马拉松赛深深吸引着每一位马拉松赛资深运动员，因为那里有宽阔的场地、景色优美的路线、热情的观众、排山倒海般的欢呼声，再加上快速的路线和几乎完美无瑕的组织工作，这成为了每一个参赛运动员的节日。

伦敦马拉松赛诞生于 1981 年，当时是受了纽约马拉松赛的

◆伦敦马拉松赛

启发而生成。目前于每年 4 月下旬举行。

美国火奴鲁鲁马拉松赛

大多数跑步爱好者不必在每年的 12 月份给自己找个理由去火奴鲁鲁，因为火奴鲁鲁马拉松就是一个很好的理由。火奴鲁鲁马拉松赛开始于 1973 年，当年只有 167 人参加，男女冠军都来自火奴鲁鲁。火奴鲁鲁马拉松赛事场面盛大，气氛非常好，这在很大程度上得

◆马拉松圣地——火奴鲁鲁

益于远道而来的日本选手，他们是火奴鲁鲁马拉松的主力军。火奴鲁鲁马拉松赛清晨 5 点就在黑暗中开始比赛，早得令人痛苦，但这样可以保证在凉爽的气温下进行比赛。而一旦太阳升起，你就可以享受到太平洋上童话般迷人的风景了。

飞行健将显身手——候鸟传书

在漫长的历史中，人类充分运用了自然界各种飞禽的力量，发明和创造了多种形式的通信方式。很早以前人们就驯化飞鸽、鸿雁等飞鸟来充当信使，这充分展现了古人的智慧。尽管科学在迅猛地向前发展，但是巧妙地运用自然界的力量进行通信，在某些领域及某种环境下仍是一种节能环保的好方式。

◆信鸽

飞鸽传书

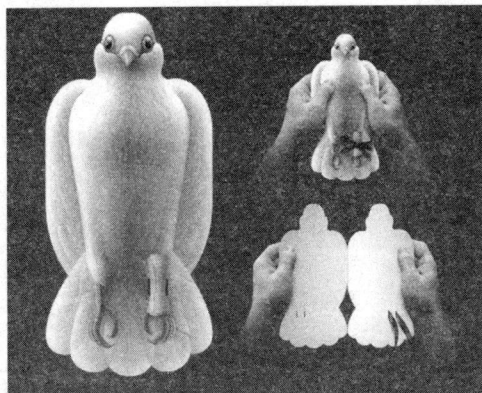

◆信一般绑在飞鸽的脚上

以鸽子进行通信，在世界上很多国家都有悠久的历史，公元前 3000 年左右，埃及人就开始用鸽子传递书信了。我国在隋唐时期，南方等地也已开始用鸽子通信。

鸽子是帮助人类通信的义务"邮递员"中最为得力的干将之一，因此，人们赠给它许多顶桂冠。如"飞行健将"、"航空邮差"、"空中信使"等。

古代通信不方便，聪明的古人就利用鸽子会飞且飞得比较快，会辨认

方向等多方面优点，驯化了鸽子，将信件系在鸽子的脚上然后传递给要传递的人。飞鸽传书与鸿雁传书其实是同一个意思，是古人之间联系的一种方法，用以提高送信的速度。俗话说"倦鸟归巢"。鸟类的方向感很强，认识回家的路。古人所用的飞鸽传书主要过程是这样的：甲跟乙是朋友，他们当然住在同一个地方，由于某种原因，甲去了别的地方，但甲是带着家乡的鸽子离乡背井的，有一天甲有事情要联络乙，甲就把字条放在鸽子脚上一种专门放信的东西里面，再把鸽子放出去，利用鸽子"归巢"的习性，鸽子就会飞到家乡去，乙就会发现那只鸽子和甲的信。

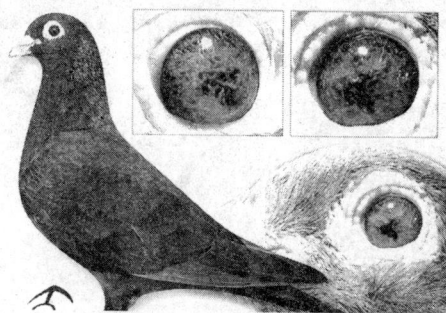

◆信鸽佳品

我们祖先驯养信鸽的历史可以追溯到 2500 年以前。在西夏与北宋的战争中，信鸽就被西夏军队利用做军事通信。传说汉高祖刘邦被楚霸王项羽包围时，就是以信鸽传书，引来援兵脱险的。张骞、班超出使西域，也用鸽子来与皇家传送信息。在以后的南宋初期，大将曲端的军队中也使用信鸽传达消息、召集军队，当时称信鸽为"飞奴"。到了清乾隆年间，信鸽传书更是发展为一种比赛，当时的广东佛山地区每年五六月份举行放鸽会，每次

◆铁翼飞奴

◆大雁

◆大雁南飞

都有几千只信鸽参加，赛距约200千米，场面相当壮观。当时在上海、北京等地也有类似的赛鸽会。

如今科技发展，人人都手持手机的时代，还需要飞鸽传书吗？事实证明，仍然需要。如军事方面，高原哨所、孤岛驻军，电波信号难以覆盖，这是就需要利用信鸽进行联系，这些信鸽来自全国各地的信鸽协会会员。他们精心驯养的良种信鸽也"参军"了，并且在执行任务中立下战功！

鸿雁传书

现在很多时候都把分居两地的男女之间通信称为"鸿雁传书"，也有把送信的邮递员称为"鸿雁"的。其实在汉朝时就流传有一个鸿雁传书的故事，故事的主人公是苏武。约在公元 100 年，汉朝大臣苏武出使匈奴，匈奴单于由于欣赏苏武的才能而将苏武扣下，并把他流放到荒无人烟的贝加尔湖去牧羊，并刁难他，什么时候公羊生了小羊，什么时候就放他回归汉朝。苏武在那里一待就是 19 年，生活艰苦，但始终不肯向单于屈服。直到汉昭帝与匈奴和亲，汉朝使者问起苏武之事，单于撒谎说苏武已经死

◆苏武牧羊画作

了。但这位使者私下里打听到苏武仍然在北海牧羊，于是回去后就把这个情况报告了汉昭帝。当时的辅政大臣霍光想出了一个计谋，又派去一个使者并对单于说："大汉天子喜欢打猎，有一次射下一只大雁，雁腿上系着一封信，是苏武的亲笔信，上面写着苏武还活着，现在北海牧羊。"单于听后，见无法抵赖，只好放回了苏武。虽然这只是霍光的一个计谋，但可以想象，当时一定已经有人在利用大雁传书了，否则这个故事就缺乏根据，霍光也不会想到这样的计谋，单于也不会轻信。

知识广播

大雁

大雁属鸟纲，鸭科，是雁亚科各种类的通称。大雁是一种大型游禽，形状略似家鹅，有的较小。大雁嘴宽而厚，喙缘有较钝的栉状突起。大雁雌雄羽色相似，多数呈淡灰褐色，有斑纹。大雁群居水边，往往千百成群，夜宿时，有的雁在周围专司警戒，如果遇到袭击，就鸣叫报警。

青鸟传书

1998年10月9日，中国国家邮政局发行《第22届万国邮政联盟大

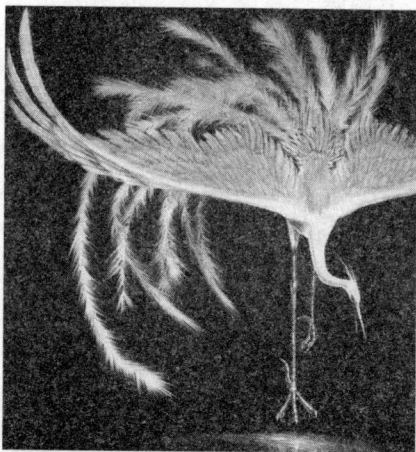

◆传说中的青鸟

◆凤凰——青鸟演变

通信王国的变迁

◆西王母

会·1999北京（二）》纪念邮资片1套4枚，其中第三枚"情缘东方"的主图和邮资图内容一致，均为一只色彩斑斓的飞鸟，背景为驿站和长城，其表现的主题就是我国古代的"青鸟传书"。"青鸟传书"到底缘起何时？先秦古籍《山海经》有所记录。

《山海经》可谓是我国上古奇书，其上记载，青鸟是西王母的随从与使者，共有3只，它的出现就意味着吉祥、幸福、快乐。百鸟之王的凤凰就是在以后的神话中逐渐演变而成的。

在传说中，每当西王母驾临之前，总有青鸟先来传书报信。当年西王母前往汉宫时，青鸟一直飞到了承华殿前传书。这只美丽可爱的鸟儿令汉武帝甚为惊奇，便询问大臣东方朔，东方朔告说这只鸟叫青鸟，是西王母的报信使者，西王母马上就要来了。果不其然，西王母就由大鹙、少鹙两只美丽的鸟儿一左一右扶持着，来到了殿前为汉朝带了吉祥和强大。

在以后的神话中，青鸟又逐渐演变成了美丽无比的百鸟之王——凤凰。更有许多美丽的诗篇赞美青鸟。其中有李璟的"青鸟不传云外信，丁香空结雨中愁"，李白的"愿因三青鸟，更报长相思"、"三鸟别王母，衔书来见过"。这些诗篇，借用的均是"青鸟传书"的典故，也把青鸟描述

成了三只善通人意、温和良善、体态轻盈、小巧玲珑的可爱"信使"。从此，青鸟也成为通信使者的另一代称。

上述的一些故事和神话，虽然不都是事实，但是却从另一个侧面反映了当时民间通信的困难，人们渴望通信、渴望沟通。

家书抵万金——书信的由来

随着科学技术的日益发展，书信已渐渐淡出人们的生活。人们很少再通过书信邮寄的方式传递信息，一个电话、一条短信对方立刻就明白了你要表达的意思，但书信在人类过去的历史上是最常用、最活跃的通信方式，至今仍有人对收到第一封信时的情景历历在目。我们有必要去了解书信，了解

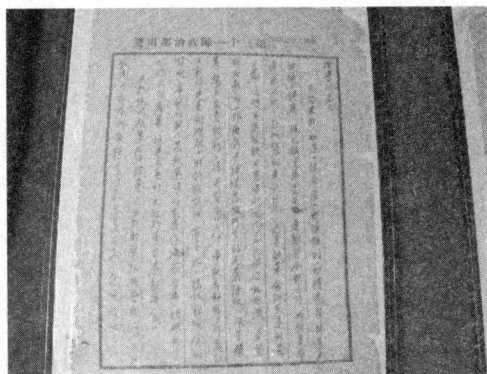

◆抗美援朝时的书信

它的发展，了解它在人类通信历史发展中起到的作用。

最早的信——实物信

◆书信曾是人们最常用的通信方式

你知道人类最早的信件是怎样的吗？它就是实物。人们相互之间传递信息为了避免遗忘和差错，也为了更好地取信于他人，便利用各种各样的实物作为交流思想和感情的工具，这就是实物信。实物具有具体的形象和性质，人们看到实物，自然而然明白这种实物所代表的意思。但是问题也就由此而

前人的智慧——古代通信篇

产生，小的物件还可以，大的物件或是某些抽象的意思就不好办了。例如我家杀了一头牛，宴请亲朋好友，可是牛这么大，总不能抬着这头牛或扛着一个牛头挨家挨户去请。由此，人们就想到，可以在石片上或树皮上，刻上或画上牛的图画，这样也可以非常形象地表达出主人的意思，这样就方便了。

◆贝壳可打磨成片涂以不同颜色表示不同信息

在人类历史上，创造文字以前，很多民族的通信史上出现过"贝壳信"或"结绳信"。人们把贝壳磨制成一个个光滑的小片，为了表示不同的意思，就涂上不同的颜色，然后把这些贝壳用细绳串成一副带子，名之曰"笕班"，不同颜色组合

◆不同的绳结也可做信用

成的贝壳串，就能表达十分复杂的内容，也就成为一封信了。这样的信，对每个送信人要求非常高，每个发信人亲自把"笕班"交给送信人，并当面把意思交代清楚，送信人牢牢记住，边走边背，直到把它送到目的地为止。古代秘鲁的印第安人就曾用五色的贝壳来做通信工具的。

小知识

绳结信

所谓"结绳信"，就是在绳子上结上大小不一的各种疙瘩，并涂上不同的颜色，用来表示各种不同的事情。我国古书上很早就说过："上古结绳而治"，又说："事大，大结其绳；事小，小结其绳。"结绳信就是用此来交流思想的。

信纸的演变

◆画于绢帛上的《洛神赋》

据考古学家研究证实，我国的文字至少在 6000 年前就出现了。

文字的出现，使人们可以通过写信进行沟通和交流了，但那时可没有我们现在所用的信纸，那么人们一般是写在什么样的材质上的呢？

古时候人们把信写在一种又轻又薄的丝绸——绢帛上，这种信叫"尺素书"。据说这种"尺素书"是把写好的信笺（素）夹在两块刻成鲤鱼状的木块之间，故又称做"鱼书"。但由于绢帛价格昂贵，只有有钱人家用得起，因此那时人们使用得最多的是把内容写在价格比较便宜、又容易制作的木简上的。

历史典故——鱼传尺素

在我国古诗文中，鱼被看做传递书信的使者，并用"鱼素"、"鱼书"、"鲤鱼"、"双鲤"等作为书信的代称。唐代李商隐在《寄令狐郎中》一诗中写道："嵩云秦树久离居，双鲤迢迢一纸书。"古时候，人们常用绢帛书写书信，到了唐代，进一步流行用绢帛来写信，由于唐人常用一尺长的绢帛写信，故书信又被称为"尺素"（"素"指白色的生绢）。因捎带书信时，人们常将尺素结成双鲤之形，所以就有了李商隐"双鲤迢迢一纸书"的说法。显然，这里的"双鲤"并非指真正的两条鲤鱼，而只是结成双鲤之形的尺素罢了。书信和"鱼"的关系其实在唐以前早就有了。两汉时期，有一部乐府诗叫《饮马长城窟行》，主要记载了秦始皇修长城强征大量男丁服役而造成妻离子散之情，且多为妻子思念丈夫的离情，其中有一首五言写道："客从远方来，遗我双鲤鱼；呼儿烹鲤鱼，中有尺素书。长跪读素书，书中竟何如？上言长相思，下言加餐饭。"这首诗中的"双鲤鱼"，也不是真的指两条鲤鱼，而是指用两块板拼起来的一条木刻鲤鱼。

前人的智慧——古代通信篇

我们在一些历史比较久远的古装剧中发现皇帝所看的奏章是一捆一捆的竹片，这就是竹简，它始于何时呢？我国历史上，春秋战国时期就开始用竹子和木板作为书写的工具了。他们用刀子把竹子或木头刮削成一条条狭长而又平滑的小薄片，用毛笔蘸了墨在上面写字。竹片叫竹简，木头做的叫木简，又叫板牍，或称牍。用来写信的木简通常三寸宽、一尺长，所以人们就把信称为"尺牍"。尺牍一般由两块木简组成，写信的时候，先在底下这块木简上写上要说的话，写完了再在上面加盖一简，并写上收信人和发信人的姓名——这就相当于现在的信封了，然后用绳子从中间将两简捆扎结实。为了防止别人路上拆看，在打结的地方，还要加上一块青泥，再盖玺印，这盖有玺印的泥叫封泥。然后就可以派信使把信送出了，信长用的竹简就多。

在纸被发明前，世界上其他一些古老民族也曾使用过各种不同的信件。大约在公元前3500年左右，生活在亚洲西部两河流域的苏美尔人和巴比伦

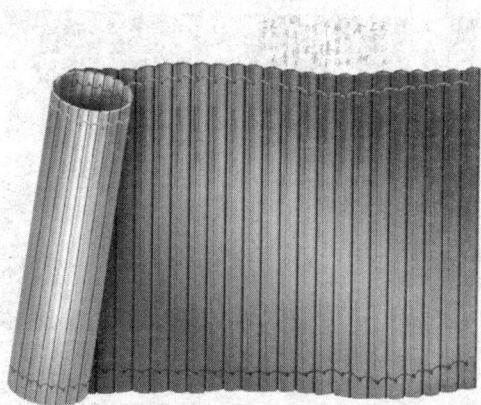

◆竹简

◆楔形文字

◆埃及当做纸用的草

通信王国的变迁

◆古代的纸草画

人，就曾使用过一种楔形文字刻成的"泥版信"。因为两河流域缺少石块和木头，人们用黏土制成一块块泥版，然后用芦苇管或骨棒削成三角形尖头在上边一笔笔刻画。由于刻出来的线条上粗下细，形同木头楔子，所以叫楔形文字。

与这种沉重的泥版信不同，古代埃及人则创造了一种用草当做纸书写的"草纸信"。这种作纸用的草盛产于尼罗河沿岸，是一种水生植物，形状好像芦苇。人们在使用时，先把它的茎逐层撕开，剖成许多长条，然后排齐联结成片，压平晒干。古埃及人就用削尖的芦苇秆蘸着颜料在这种草上书写。这样的信件送递起来当然就轻便多了。

信封的出现

现在我们都知道，寄信要用信封，那信封是何时出现的呢？古人的信也不一定是纸质的，那么它们的封装方式与现在有何区别呢？我们一起来看看世界上早期的信封是什么样子的。

世界上最早的信封是泥做的，而且信也是泥做的。这个发明要归功于幼发拉底河和底格里斯河两岸的亚述人和尼罗河边的埃及人。他们将泥版信装在泥制的外套内，这泥制的

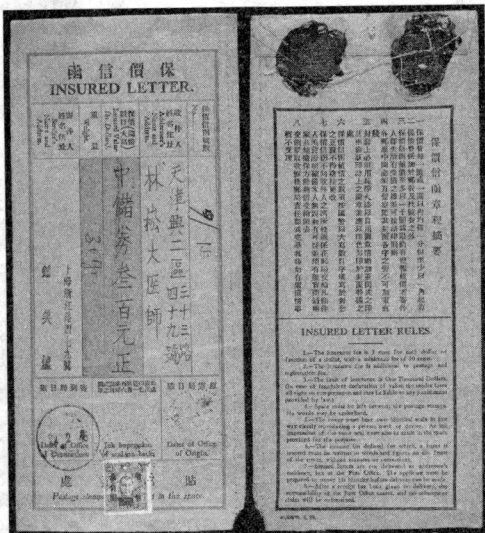

◆火漆封印

外套就是世界上最早的信封。渐渐地，人们把信写在动物的皮毛上，再把皮毛写成的信卷成一卷，外边用皮条捆扎，然后再用火漆封缄。这样皮条、火漆、封缄就组成了信封，还是开放式的。我国古代没有发明纸张时，大臣们的奏折写在竹简或木牍上，为了保密，将竹简或木牍用绳捆缚，在绳端

◆火漆印章

或分叉处封之以黏土，然后上盖印章，以防私拆。这种封缄办法流行于秦汉。

造纸术是我国发明的，在魏晋之后，纸、帛盛行，用绳捆、泥封信件的办法逐渐被纸、帛信封所代替，人们再也不用使用笨拙的泥版信、竹简、木牍了，信封当然也更新换代了。

广角镜——欧洲纸信封的出现

19世纪的欧洲，一些贵族及公子哥儿、小姐们，时常到海边度假。设在海边的一个书店老板布鲁尔还兼顾为游客代发信件的业务。当时的信件是没有信封的，只是写在纸上贴上一定的邮票就可寄了。日子一久，布鲁尔发现有的女士特别爱写信，而她们写的信多数是寄给自己情人的。尽管她们对他很信任，可是在长长的邮路上也难免"泄密"。因此有些女士害怕信的内容被外人窃知而不写信了。善于动脑筋的布鲁尔心想：如果能有一只纸袋把信封在里面，这样既可方便信的投寄又可以让信的内容保密。

布鲁尔经过一番苦心钻研，按当时他店里出售的信纸大小，设计了一种信封。寄信人只要将信封口封上，信中的秘密便不会被泄露了。

布鲁尔发明的信封得到了游客的欢迎，这样一传十、十传百……布鲁尔书店的生意越来越兴旺了。到了1820年，这种信封便开始定量地生产了。

随着邮政事业的迅速发展，信封大小问题已成了各国邮局共同关心的事了，于是，1979年10月26日在里约热内卢举行了第18次万国邮政联

通信王国的变迁

◆信封

盟代表大会，会上通过了修正的万国邮政公约，其中有一条就是有关统一信函标准的问题。

知识库——你知道首日封吗？

　　首日封是一种特殊的信封。贴上当天发行的纪念邮票，再盖上一个注明日期的精美纪念邮戳。首日封名贵之处就在于这种邮戳只盖一天。

　　真正出于集邮的目的而专门邮寄首日封是美国于 1909 年 9 月 25 日开始的。这一天发行了赫德森—富尔顿 2 分邮票，一位有心的私营文具商为此制作了纪念信封，即首日封。但当时没有明确出现首日封叫法，也没有正式开展这项活动。

　　世界上第一枚首日封是 1923 年 9 月美国集邮家乔治·林发起的。他贴了当天邮局发行的已故美国总统沃伦·哈丁的纪念邮票，并在信封左下角印上文字说明收藏起来，他竟成了世界公认的首日封的鼻祖。如今这枚首日封已成珍品。

　　从此以后，收集首日封的人越来越多，而首日封的制作也越来越精致、越来越漂亮，并具有保存价值。首日封一般也不再交邮局邮寄了，而是由邮局或集邮部门专门发行，收藏者直接收藏。美国在 1937 年还使用了第一枚刻有"首日发行"字样的邮戳。

　　美国政府为了纪念登月者，在"阿波罗 15 号"登上月球时，由宇航员在登月舱内，用特制的邮戳，加盖在事先带去的信封上，这便成了唯一的从月球上发出的珍贵的首日封。

递信的渠道——邮政的发展

　　大到城市，小到乡镇都可以看到邮局、邮箱。尽管我们现在已经不大寄信，邮政的功能也有了更多的拓展，可以储蓄、可以快递、可以订阅杂志书报，但不可否认邮政在过去、现在、将来依然在我们的生活中扮演着重要角色。我们需要了解邮政的相关知识，如邮政的起源、信箱的发明、邮编又起到怎样的作用？下文我们将一起回顾人类邮政的发展史。

◆随处可见的邮局

最早的邮政——驿站

◆中国现存最古老的"邮政局"：鸡鸣驿

　　最早的邮政可以追溯到驿站，那时的驿站主要是为官府服务的。驿站是古代专供传递官府文书和军事情报的人或来往官员途中食宿、换马的场所。

　　"一骑红尘妃子笑，无人知是荔枝来。"这是唐代诗人杜牧写就的一首脍炙人口的诗歌，讽刺唐玄宗为了爱吃鲜荔枝的杨贵妃，动用国家驿站运输系统，不惜国家财政的血本，从南方运送荔枝到长安，只为博得美人一笑，只为一颗鲜美的荔枝。

通信王国的变迁

◆大清邮政船

◆驿站快马雕塑

驿站，是国家出现以后，政府专门为传递公文和军情所设置的通信机构，至今已有4000年历史了，其建设和营运费用是国家财政的重要支出。早期的公文和军情主要依靠人力步行递送，故在春秋时期，人们把边境内外传递文书的机构叫做"邮"。邮距为25千米，是一个成年人当天能往返的距离。

我国的驿站发展大致经历了以下几个时期。

秦朝，驿站的设置为"十里一亭"，也是一个以维持治安为主体的行政架构，体现了国家的行政管理和治安职能，它的交通通信功能只是兼职，当时人们称之为"邮亭"。这种"邮亭"就是秦代以步行递送的通信机构。

汉代有所改变，改人力步行递送为骑马快递，并规定"三十里一驿"，由于马的脚力大和速度快，传递区间也由25千米扩大为150千米。而其功能上也有了扩展，不再是单一置骑传送公文军情的"驿"，而是兼有迎送过往官员和专使职能的机构。

到了唐代，国力强盛，世界各国都来朝拜，国际交流频繁，各国使节和官员公差往来大为增加，朝廷干脆改驿为馆驿，以突出其迎来送往的"馆舍"功能。在盛唐时，全国有馆驿1643个，从事驿站工作的人员有2万多人，其中80％以上为被征召轮番服役的农民。

直到清朝中期之后，才出现了真正的近代邮政，但驿站还是存在的，它和邮局共同存在了一个时期，直到1912年5月北洋政府才明令裁撤驿站。但少数民族地区，仍继续沿用驿站制度。

民邮的开始——邮政号角

古代的驿站都是为传送官府的公文与军报服务的，是"官邮"与"军邮"，老百姓并不能使用，我们现在觉得非常方便的百姓之间的民邮是没有的。

那么，是什么时候开始有民邮的？这里我们先讲一则有关弯曲的邮政号角的有趣故事。

12世纪时如要在德国开设肉铺，地方当局对肉铺老板有一个附加要求，就是要有一匹马，承担起载运民间邮件的工作。这可能是地方当局为了缓冲百姓对通信不便的怨言，或许是对肉铺老板设的一个门槛。但肉店老板为了开店，就答应了这个要求。因为他们购肉、卖肉四处奔走，载运民间邮件并不太麻烦。

怎么通知人们来寄信、取信呢？肉铺老板们想了个办法，就是每当邮件送到时，送信人就吹起弯弯曲曲的一只号角向

◆右上角的邮政号角图标

◆民国邮筒

四周居民百姓通报。人们闻号角声前来寄信、取信，因此肉店生意也随之红火起来，肉铺生意越做越大。肉铺买卖不分国界，这样邮寄信件的方法也扩大到欧洲其他国家和地区。这种弯曲的邮政号角至今仍是世界上许多国家的邮政标记。

信箱的发明

◆街头常见的绿色邮筒

随着邮政事业的发展，邮政通信工具也不断完善起来，信箱就是其中之一。当你视若无睹地看着街头站立的一个个邮箱，你会觉得这是理所当然的，世界各地都是这样的，可你知道信箱是怎么诞生的吗？

最早的信箱是 16 世纪初在意大利佛罗伦萨市"坦布里"出现的。它是一只只封闭式的木头箱子，上面开有投信口。信箱被放在主要的教堂里。

历史回眸——最早被记载的信箱

至今为止有关信箱的最早记载则是出现在 1653 年法国巴黎的一个文件上。据这个文件记载，信箱是根据当时法国邮政部长费凯夫人的设想制作的。部长夫人怎么会想到设计信箱的呢？原来当时的法令规定，寄信人必须到圣杰克大街收寄信件的地方直接交寄。然而这对广大寄信人来说是多么不方便啊！为此，大家向部长提出了意见，部长也很烦恼。部长夫人知道了这一情况，于是她就提出了设立信箱的设想。部长采纳了她的设想，建立了信箱。18 世纪末，普鲁士国王弗雷德里克邀请法国邮政专家到柏林帮助重建邮政事业，信箱随之在普鲁士也被广泛使用。1836 年信箱传到了比利时，1852 年英国也出现了信箱。

邮政编码

现在寄信时都要求在信封的左上角写上一个由 6 位阿拉伯数字组成的邮政编码，邮政编码的每一个数字都代表了特定的意义，那么最早是谁想起用邮政编码的呢？为什么要发明这样的邮政编码呢？有了这样的邮政编

码对投递信件有什么好处呢？

随着社会的进步，邮政事业飞快地向前发展着，邮政信函数量成倍地增长，邮件分拣仅依靠人工熟记地名、按地址投格显然是跟不上时代的发展的。

最初德国邮政职工首先想出用两位数字表示邮区的不完备的系统，这是邮政编码最早的雏形，也是邮政通信史上一个了不起的发明。

接着英国的邮政职工在1957年7月把国内一个个不同地名分别编定为一个有规律的四位数的编号系统，并把它端正地写在信封的固定位置上，四位数能代表很多的信息了，并且可以使用自动分拣机分拣。

◆分拣邮件

◆2008年奥运会专用邮政编码

由德国邮政职工创造、英国邮政职工改进的这种编码是为着实现信函分拣的自动化而制定的邮政通信地址的代号，人们把它称为"邮政编码"。

英国是最早实行邮政编码的国家。从20世纪60年代起，各国的邮政部门对邮政编码给予了极大的重视，到了80年代已有40多个国家和地区实行了这种制度。如今，国际邮政行业把是否实行邮政编码作为评价一个国家邮政技术水平高低的重要标准。

利用邮政编码使用自动信函分拣机，每小时可分拣信函2万件以上，相当于10名分拣员的工作量，并可以保证分拣质量。有了"邮政编码"且不说使用自动分拣机，就是用手工分拣，看编号投格，也比看文字要简单得多。

分拣员把邮政编码称为"不需要任何网络知识的分拣手段"是很有道理的。

科技文件夹

中国邮政编码

我国邮电部于 1978 年吸取外国经验试行了邮政编码，并于 1980 年 7 月 1 日在全国推广。我国的邮政编码采用四级六码制，对全国每个投递区分别编成 6 位阿拉伯数码组成的代号，即所谓"六码"。六位数码分别表示省（直辖市、自治区）、邮区、县市和投递局"四级"。六位数的前两位代表省，第三位代表邮区，第四位代表县、市，最末两位代表投递区。

日新月异的变化

——现代通信篇

　　在过去 100 多年里，无线电、网络技术等的发展，使信息插上了光速的翅膀。从电报到电话，从收音机到电视机，从移动通信到传真机，犹如中国古代传说中的"千里眼"和"顺风耳"，使人类之间的交流与沟通更为方便。你坐在家里的电脑前轻点鼠标，远在万里之遥的友人便可以在瞬间收到你发去的电子贺卡。在昔日李自成屯兵养马的陕西商洛山区，农民如今已经通过互联网把生意做到了全世界。

步入电通信的起点
——莫尔斯的发明

你知道吗？几千年来，通信技术曾经长期停滞不前。即使是外敌入侵、边城告急，除却狼烟报警之外，最快的办法也不过是驿站快马传送文书。17世纪中期，英国海军推行了旗语，18世纪末，法国政府建立了信号机体系，这才在一定程度上解决了海陆消息快速传送的困难。但是，人类通信史上革命性的变化是从把电作为信息载体后发生的。

◆电报发明者的纪念邮票

电信时代的曙光——电报机的雏形

◆全铜铁路电报机

人们看到电信时代的第一缕曙光是1753年2月17日在《苏格兰人》杂志上发表的一篇文章。文章的内容主要描述了作者利用电流进行通信的奇异设想。从此电信开始蹒跚起步。1793年，法国查佩兄弟架设了一条230千米长的托架式线路用以传送信息。1832

年，俄国外交家希林制作出了用电流计指针偏转来接收信息的电报机；1837 年 6 月，英国青年库克制作了首先在铁路上使用的电报机。但由于各种原因，这些设施都无法投入真正的实用阶段。这究竟是为什么呢？这样的难题由谁来解决呢？它们还在等待一个人——莫尔斯。

莫尔斯电报机的发明

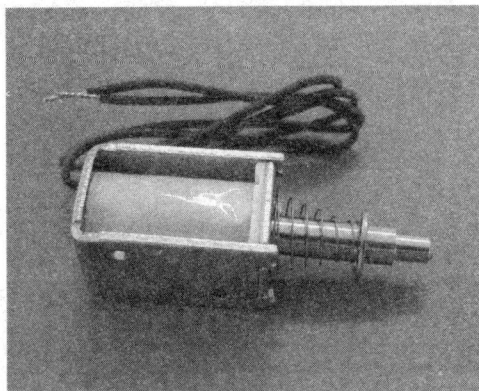

◆简易电磁铁

◆第一台莫尔斯电报机

19 世纪 30 年代的一个秋天，41 岁的美国画家莫尔斯因为观看了一次与电磁有关的表演竟然告别了他热爱的艺术，投身于尚未完善的电学领域，并暗自下决心要完成用电流传递信息的伟大使命。什么样的表演有如此之大的魅力呢？这是在一艘邮船上，一位名叫杰克逊的美国医生给旅客们表演了一个有趣的电磁铁实验，并介绍了电磁铁魔术般的功能和电流的神速，莫尔斯就深陷其中了。

然而，前途之中充满了困难，不要说莫尔斯这个半路出家的门外汉，就是当时许多经验丰富的电磁学专家经过一次又一次试验，也没有取得理想的成果。莫尔斯年过四十，要想取得成功，这需要多么坚强的毅力和勇于献身的精神啊。然而，莫尔斯经过半年的刻苦学习，便初步掌握了电磁理论。他开始把全部精力和时间都凝聚到设计电报机上了。

莫尔斯的事业可不是一帆风顺的。创新需要勇气，更需要坚持。在面

对一个又一个失败，在面对积蓄花完生活陷于困境时，莫尔斯没有放弃，他又重新拾起了他的画笔，担任了纽约大学艺术及设计教授。他一面教学，一面继续进行试验，几乎把挣得的每一分钱都用到了改进发明上。经过 3 年的钻研之后，在 1835 年，第一台电报机问世。

◆莫尔斯制作的第二台电报机模型

莫尔斯电码的出现

难题又出现了，人类的语言是何等的复杂，怎样把电流和人类的语言联系起来呢？这需要灵感。莫尔斯的灵感来了，他把这个灵感记录在了他的笔记本上："电流是神速的，如果它能够不停顿走十英里，我就

A .-	J .---	S ...	2 ..---
B -...	K -.-	T -	3 ...--
C -.-.	L .-..	U ..-	4 ....-
D -..	M --	V ...-	5 .....
E .	N -.	W .--	6 -....
F ..-.	O ---	X -..-	7 --...
G --.	P .--.	Y -.--	8 ---..
H	Q --.-	Z --..	9 ----.
I ..	R .-.	1 .----	0 -----

◆莫尔斯电码

让它走遍全世界。电流只要停止片刻，就会出现火花，火花是一种符号，没有火花是另一种符号，没有火花的时间长又是一种符号。这里有三种符号可组合起来，代表数字和字母。它们可以构成字母，文字就可以通过导线传送了。这样，能够把消息传到远处的崭新工具就可以实现了！"随着这个灵感的出现并越来越成熟，莫尔斯成功地用电流的"通"、"断"和"长断"来代替了人类的文字进行传送，这就是鼎鼎大名的莫尔斯电码。

试验成功了！电报的发明，开创了人类利用电来传递信息的历史，它对社会进步所起的作用是无法估量的。从此，信息传递的速度大大加快了。"嘀嗒"一响（1 秒钟），电报便可以载着人们所要传送的信息绕地球走上 7 圈半。这种速度是以往任何一种通信工具都望尘莫及的。

名人介绍——塞缪尔·莫尔斯

◆莫尔斯

塞缪尔·莫尔斯是一名享有盛誉的美国画家。1791 年 4 月 27 日出生在美国马萨诸塞州的查尔斯顿，莫尔斯最初的职业是位油漆工。1839 年他公布了他的第一项发明"莫尔斯码"。他的同行发明的电报就是运用莫尔斯码来传递信号的，1844 年莫尔斯从华盛顿到巴尔的摩拍发人类历史上的第一份电报。在座无虚席的国会大厦里，莫尔斯用激动得有些颤抖的双手，操纵着他倾十余年心血研制成功的电报机。1872 年莫尔斯在纽约逝世。

莫尔斯发明了电码和电报机，使电报成了电波用于通信上的最早的一个发明。为了感谢这位伟大的科学家对人类作出的重大贡献，1858 年，欧洲许多国家联合给予莫尔斯一笔 40 万法郎的奖金。在他的垂暮之年，纽约市人民还在市中央公园为他塑了雕像，给他以崇高的荣誉。

传送信号电流的载体
——通信电缆

你知道吗？电报问世后，人们为有了这一方便而灵敏的通信工具而欢欣鼓舞。起初的电报线是架设在空中的裸体金属导线。日子一长，问题来了：裸体导线不能铺得太长，因为太长了电阻增大，电力不够，无法保证电报质量。裸体导线还容易招来雷电。电报线被雷电击断、收发报机受损、工作人员和

◄电闪雷鸣的瞬间

顾客遭雷击的事时有耳闻。科学家们动脑筋寻找着理想的传递电报的方法。

绝缘导线的出现

◄人们想到用铁轨作导线

铁轨，由于铁轨具有导电性能，被人们首先考虑用做传输电信号的媒介。可是实验证明，铁轨是无法用来作电报线的。一是因为铁轨电阻太大，二是电流在铁轨上流过时，由于大地也是导体，所以电流一接触铁轨就散失完了，用铁轨作导线显然无法实现。

通信王国的变迁

◆易碎的玻璃管

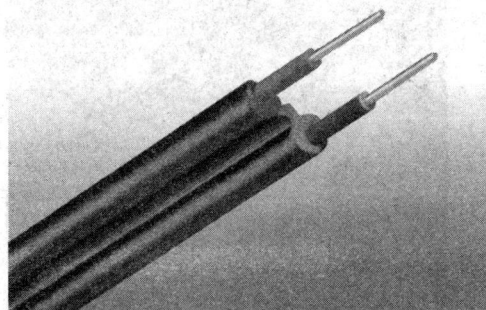

◆带绝缘护套的导线

◆可提供杜仲胶的杜仲树叶

人们也想到了用玻璃，因为玻璃是绝缘的，用玻璃把导线装起来不就可以了吗？不仅不会漏电，而且不怕潮湿和雷击了。可一旦实际操作也不行，玻璃虽然很硬但是它很脆，根本不可能长距离连接。而当时塑料、尼龙等化工产品还没有被发明，这样玻璃管只能在短线路上勉强凑合，线路一长，还得另想办法

一连串具体的现实问题困扰着科学家和工程技术人员。怎样防止导线漏电，怎样避免导线遭雷击，怎样架设又长又重的电线……

这个难题最终由德国人西门子和哈尔斯克解决了。他们从不断的试验中看到了问题的关键——要有大量价格便宜的绝缘导线，也就是要有大量便宜的绝缘材料。这时，杜仲——一味中国人熟知的中药，其叶子中的一种黏胶被西门子和哈尔斯克提取出来，经过反复试验，制成了绝缘材料，这就是杜仲胶。杜仲胶柔软有韧性，不会腐烂，不易折断，最重要的是它有良好的绝缘性能，将金属导线包裹其中就形成了满足要求的绝缘导线了。

第一条地下电报电缆线在西门子、凡尔纳领导下诞生了，它始于柏

林，经哈雷、埃尔富特、卡塞尔和吉森，到达法兰克福，以后又从那里向各地伸展出去。

小博士

杜仲

杜仲是落叶乔木，高达 20 米。杜仲的小枝光滑，黄褐色或较淡，具片状髓，皮、枝及叶均含胶质。杜仲叶是单叶互生，呈椭圆形或卵形，边缘有锯齿，幼叶上面疏被柔毛，下面毛较密，老叶上面光滑，下面叶脉处被疏毛。杜仲花单性，雌雄异株，与叶同时开放，或先于叶开放，杜仲花生于一年生枝基部苞片的腋内，有花柄，无花被，花呈翅果卵状长椭圆形而扁，先端下凹，内有种子 1 粒。杜仲花花期 4—5 月，果期 9 月。

洲与洲的沟通——越洋电缆的铺设

◆现代铺设海底电缆专用船

世界上第一条海底电缆于 1850 年在英国和法国之间铺设，由盎格鲁—法国电报公司铺设。这是一条穿越英吉利海峡的电缆，但其品质粗劣，没有任何保护，不久便损坏了。直至 1851 年 11 月 13 日，真正的电缆才被架设起来。1852 年，电缆连接了大不列颠与爱尔兰。1852 年海底电报公司第一次将电缆经过伦敦连到了巴黎。1853 年，一条横跨北海的电缆将英格兰与荷兰连接起来了。

电报在同一个大洲的国家之间是通了，可是那些远隔海洋的大洲之间就必须要铺设越洋导线才行。否则美国记者在伦敦采访到的消息，要在二周后通过邮船才能送到位于北美洲的

◆美国铺设第一条海底电缆

美国，到那时新闻早已成了旧闻。铺设越洋电缆已成了人们迫切的呼声。在科学家的努力下，1854年地中海和黑海的海底电缆铺设成功了，地中海和黑海各国建立了电报联系。

天堑变通途——跨越大西洋

◆浩渺的大西洋

◆威廉·汤姆逊

可是浩渺的大西洋依然把欧洲和美洲隔在两岸。要铺设这样一条规模宏大的越洋电缆，真是难上加难。因为要铺设一条跨越大西洋电缆，是一项耗资几百万的工程，这几百万的投资是否能成功，谁也没有把握。而且，铺设这样一条电缆最大的困难是科学技术的问题，是器材是否能够经受住严格的考验问题，有人甚至从数学角度出发提出证据说明铺设横跨大西洋的电缆是不可能的。

由美国百万富翁赛勒斯·韦斯特·菲尔德，以及他的兄弟和四位公司经纪人出资，在1857年两艘电缆铺设船"尼亚加拉"号和"阿加门农"号出发了，但成功的幸运并未就此降临，电缆铺设失败了，报废了一大段电缆。

失败并没有把他们打倒，第二年，英国物理学家威廉·汤姆逊参加了铺设工作，两艘船再次出航。这次他们对铺线作了改进，从线路中央开始铺设，每条船装一条电缆，以相反方向行驶。但是铺设的难度比预料的大得多，首先是线路实在太长，

其次海底落差也大，而且受到各种海流的影响，但是在汤姆逊和全体船员及工程技术人员努力下电缆还是铺设成功了。然而海底通信电缆只使用了一个月就出现了严重的故障，信号变得模糊不清。

汤姆逊埋头苦测，寻找着失败的原因。根据反复分析，他终于发现了问题所在：电缆终端的电信号太弱，用现有的电报终端是无法接收的，必须研制出高灵敏度的电报机。这一年的冬天，汤姆逊和他的助手几乎都泡在格拉斯哥实验室里，试验各种方案。

人物志

威廉·汤姆逊

威廉·汤姆逊于 1824 年生于爱尔兰，父亲詹姆斯是贝尔法斯特皇家学院的数学教授。汤姆逊 10 岁便入读格拉斯哥大学，约在 14 岁开始学习大学程度的课程。15 岁时他凭一篇题为《地球形状》的文章获得大学的金奖章。因为在科学上的成就和对大西洋电缆工程的贡献，获英女皇授予开尔文勋爵衔，后世改称他为开尔文。

第二次铺设

经过 7 年的准备，1865 年，大西洋上又开始了第二次电缆铺设。汤姆逊异常兴奋，虽然他 5 年前因滑冰不慎左腿骨折，成了跛子，但仍然参加远航，亲自指挥施工。

6 月的一天，"大东方"号巨轮装载着电缆徐徐开动。开始时电缆沉放顺利，施工人员满怀

◆1865 年"大东方"号铺设第二条海底电缆

着胜利的希望，但是，当船航行到大西洋中部时，发生了意想不到的事故：电缆突然折断，坠入近 4000 米深的海底，沉放失败了。

汤姆逊和参加施工的人员怀着沉重的心情被迫返航。后来，负责铺设

项目的总经理在汤姆逊的鼓励下再一次鼓起了铺设海底电缆的勇气，决定立即着手第三次铺设电缆。这一次沉放吸取了前两次的经验教训，自始至终进展顺利。经过电报试验，效果非常令人满意，大西洋终于被征服了！

汤姆逊晚年时说过："有两个字最能代表我 50 年内在科学进步上的奋斗，这就是'失败'。"汤姆逊勤奋实践，开辟永久性的大西洋海底通信的伟大业绩，正是在吃尽失败的苦头以后取得的。

信息瞬间传万里——无线电之谜

作为现代人的我们，每天都在享受着广播、电视、通信等无线电技术带来的方便和实惠。然而，当我们茶余饭后，悠闲地打开半导体收音机或电视机，搜寻和聆听空中无线电波传来的新闻、音乐和电视影像节目的时候，或者当我们使用手机与相隔千里的亲朋进行联系的时候，是否会想到我们

◆电视已经在全球普及

这是在享受前人艰难探索和发明的成果？是否会想到前人刻苦探求的那段已经离我们远去的历史及其技术发展的脉络？

发现无线电的先决条件

◆法拉第

我们现在所指的无线电是电磁波的一种，电磁波是在电生磁、磁生电的相互转换过程中以电场和磁场的形式向空中辐射，这在目前的高中物理教材中有所涉及。在人类早期摸索无线电技术之前，关于电学的发展主要经历了静电时代和电气时代。1831年10月，电学巨匠、订书徒工出身的英国科学家法拉第认为，在电流的周围存在磁场，也就是说电能产生磁，那么磁也一定能产生电。然而事实并非那么简单。

法拉第先后经过 10 多年的艰苦实验,才发现了著名的电磁感应现象,即闭合电路中部分导线在磁场中切割磁感线时会产生电流。随后他根据这个原理创造出世界上第一台感应发电机。从此,人类才真正揭开了电与磁关系的神秘面纱:电可以产生磁,磁也可以产生电。从而为近代电磁学奠定了基础。

◆发电机原理图

实践证明,这一发现不仅促进了电动机和发电机的发明,为电力的广泛应用和现代大工业生产提供了技术基础,更为电磁波的发现创造了条件。

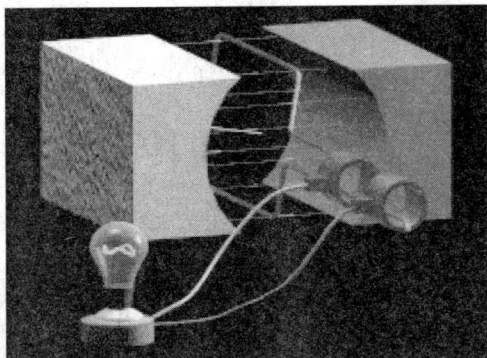

揭开电磁波的神秘面纱

◆麦克斯韦

我们现在所接受的无线收音信号和电视信号都是以电磁波为载波,把声音和图像的信号调制在电磁波上,利用电磁波的无线传播特性输送到千家万户,再由接收器进行解调,还原成声音或图像。正是在法拉第发现电磁感应现象的基础上,麦克斯韦创立了电磁理论。麦克斯韦提出周期性变化的磁场周围会产生周期性变化的电场,而周期性变化的电场周围也会产生周期性变化的磁场,交替产生,由近及远地传播开去,这就是电磁波。但这只是麦克斯韦的预言,后来才被赫兹实验证明,这就为无线电的发明和应用奠定了理论和实践的基础。

伟大的科学家——麦克斯韦

詹姆斯·克拉克·麦克斯韦是继法拉第之后集电磁学大成的伟大科学家。1831 年 11 月 13 日麦克斯韦生于苏格兰的爱丁堡。10 岁时他进入爱丁堡中学学习，1847 年进入爱丁堡大学学习数学和物理，1850 年转入剑桥大学三一学院数学系学习，1856 年在苏格兰阿伯丁的马里沙耳学院任自然哲学教授，1860 年到伦敦国王学院任

◆电磁波谱

自然哲学和天文学教授。麦克斯韦于 1873 年出版了电磁场理论的经典巨著《电磁学通论》；1871 年他受聘为剑桥大学新设立的卡文迪什试验物理学教授，负责筹建卡文迪什实验室；1874 年实验室建成后麦克斯韦担任这个实验室的第一任主任，直到 1879 年 11 月 5 日在剑桥逝世。

◆赫兹

麦克斯韦创立了电磁理论——电磁说，推导出完善的电磁场波动方程式，并且得出电磁波的传播速度等于光速（每秒 30 万千米）的结论。由于没有实验证明，多数人将麦克斯韦的理论看做是数学游戏，认为电磁波是不存在的。

然而事实胜于雄辩，青年的物理学家赫兹在麦克斯韦逝世后，决心通过实验验证电磁波是否真正存在。他从当年汤姆逊发现的莱顿瓶通过线圈放电出现振荡现象和麦克斯韦的电磁波理论入手，精心设计了一个能够发射电磁波的装置"振荡偶极子"和一个能够检测电磁波的装置"共振偶极子"。发射装置是在莱顿瓶的两端通过一个开关接到一个

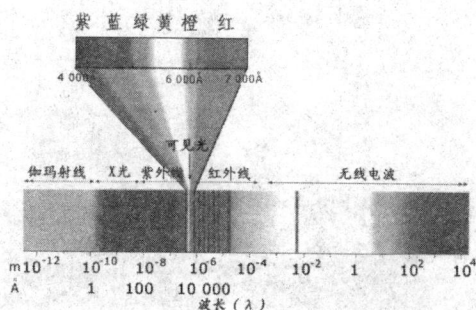

◆感应起电机

变压器初级上，变压器的次级（匝数比初级多很多）上分别接两个光亮的铜球，两个铜球的另一端各接一块锌板。接收装置是一个由铜导线弯成的开口圆环，开口两端各安装上一个光亮的小球，两个小球彼此隔开一点缝隙，并且距离可调。试验时，在开关接通的瞬间，莱顿瓶通过变压器初级放电，并在次级感应出高压，随之铜球之间出现火花放电现象，并形成振荡电路。1887 年，赫兹用上述方法成功地在发射机（振荡偶极子）3 米远的地方，用共振偶极子检测到电磁波的存在：在共振偶极子的两个小铜球的缝隙中，观察到了跳跃的电火花。1888 年 2 月，赫兹把他的这个发现公之于世。共振偶极子里的小小火花，证实了麦克斯韦所预言的电磁波的存在，也预示和照亮了电磁波的广阔应用前景。

驾驭无线通信的先驱

1894 年，20 岁的意大利青年马可尼在一个偶然的机会看到了介绍赫兹电磁波实验的文章，他产生了把电磁波应用到无线电通信上的浓厚兴趣。马可尼在自家的房子里建起无线电收发实验装置，采用一种由英国教授罗基改进法国科学家布兰利发明的粉末检波器作为接收器，并把赫兹的振荡偶极子的一个铜球上连接上一根长导线，结果大大增加了发射电磁波的强度。1895 年夏天，21 岁的马可尼成功实现了实

◆马可尼

《破解科学》系列 ●

验室与 1.7 千米远处的山丘之间的无线电报通信，第二年又做了 10～20 千米的无线电通信表演，并提出无线电报的专利申请。

◆无线电技术被用于航海舰队上

　　同样对赫兹的发现也有兴趣的是俄国科学家波波夫。1889 年，波波夫经过多次重复了赫兹的实验后提出"电磁波可以用来向远处发送信号"。1894 年，波波夫将赫兹的实验装置进行了改进，利用粉末检波器通过架在高空的导线，记录了大气中的放电现象。1895年 5 月 7 日，波波夫在俄国的物理学部年会上表演了他创造的这个"雷暴指示器"。第二年，波波夫又在两幢相距 250米的大楼之间表演了无线电通信。1897 年，波波夫这一发明

◆无线电可探测宇宙空间

被用在了俄国波罗的海舰队上，这些舰艇上建立起了无线电通信设备。

　　经过两位科学家的努力，到 1897 年，不用导线传送电码的无线电通信完全得到了世人的承认。此后无线电通信的距离不断加大。后来的实践证明，诸位科学家的伟大发明不仅开创了人类通信的新纪元，而且还促进了无线电电子学的飞速发展。随着电子管、晶体管的发明和应用，现在的无线电技术与马可尼和波波夫的时代相比，已经有了更加辉煌的进步，无线电应用的范围早已超出了传递电码符号和声音传输。人们利用无线电可以探测几十亿甚至几百亿光年之外的浩渺的宇宙空间，可以探测深入地下和大洋深处的宝藏和目标，可以通过无线电遥控各种导弹准确攻击敌方目标，可以通过无线电将各种文字、图像传输到世界的各个角落。

　　无线电技术创造了何等惊人的奇迹！

通信先驱

马可尼

伽利尔摩·马可尼（1874—1937），意大利电气工程师和发明家，无线电技术的发明人。1874年马可尼生于意大利的博洛尼亚市。马可尼的家庭十分富裕，他在家庭教师的指导下学习。在博洛尼亚大学学习期间，马可尼用电磁波进行约2千米距离的无线电通信实验，获得成功。1909年马可尼与布劳恩一起获得诺贝尔物理学奖。1937年马可尼逝世。

兄弟姐妹各有所长
——无线电波系列

我们已经知道，无线电波是电磁波的一种，人们用它携带着各种信息在空间以波动的形式传播。所有电磁波在真空中的传播速度都一样，都是每秒钟 30 万千米。电磁波的特征用频率、波长来表示。其规律为频率等于速度除以波长。于是波长越长，频率越低。用于通信的无线电波根据波长和频率可分为超长波、长波、中波、短波、超短波、微波等波段。

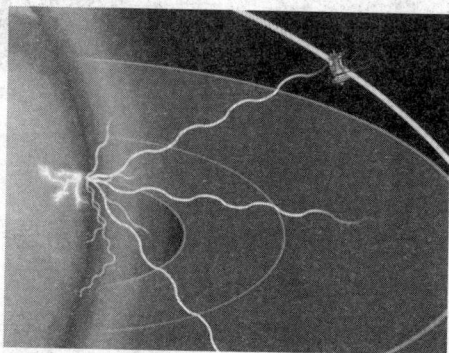

◆无线电波

各个波段的无线电波组成了一个无线电波家族，它们为人类通信作出了各自的贡献。

水下通信显身手——超长波

◆潜艇通信用超长波

无线电波可以在空中传播，那么在水中是否也可以顺利传播呢？试验表明，无线电波在海水中的衰减是很大的，而且频率越高衰减就越大。由此可见，海底通信用的无线电波频率越低越好，也就是说，波长越长越好，这样在水中的衰减就会最大限度地被削弱。无线电波中有一种波长很长的电磁波叫做超长波，也称超低频，频率范围是 30～300 赫兹，特别适用于水下通信。海军潜艇在水下活动时，选用的通信频率就是 55 赫兹左右。但缺点是，超长波的发射天线复杂庞大，并且由于频率太低，超长波的容量极为有限，所携带的信息量少。

◆超长波可检测核爆炸实验

老资格的信息载体——长波

电磁学中的长波（包括超长波）是指频率为 300 千赫以下，波长为 1000～10000 米的无线电波。长波的传播方式主要是绕地球表面以电离层波的形式传播，作用距离可达几千到上万千米，此外，在近距离（200 至 300 千米以内）也可以由地面波传播。该波段的电场强度夜晚比白天增大，波长越短，增加越甚；电场强度随季节的影响小；传播条件受电离层扰动的影响小，稳定性好，不会产生接受强度的急剧变化和通信突然中断现象。

小博士
为什么还要设长波导航台

现在许多国家设有长波导航台，导航台的任务是在各种复杂的条件下，引导舰船和飞机按预定的线路航行。著名的长波导航系统——罗兰导航系统，工作频率为 90～110 千赫，现在仍在广泛地使用。长波通信的另一个重要应用是报时，我国设有长波报时台。

大众媒介的信息渠道——中波

中波，一个大家非常熟悉的名词。国际电信联盟规定526.5～1605.2千赫专供无线电广播用。我们平时就是在这个波段收听中央人民广播电台和本地广播电台的节目。中波的频率范围在300～3000千赫。

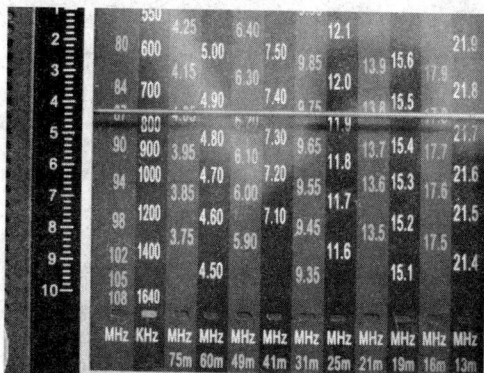

◆收音机中波刻度盘

人们在晚上收听广播为什么会出现串台的现象呢？这是由于频率资源有限，使得很多城市在使用频段上有重复。理论上讲，不同的电台使用的广播频率至少应相隔20千赫，但全世界有着众多的中波广播电台，我国有的一个城市还有多个中波广播电台，所以中波波段远远不能满足人们的需要。但中波在白天地面只能传输几百千米，再远就收不到了，所以不同城市的中波广播电台即使频率重复也可相安无事。然

◆收听中波的设备——半导体收音机

而在夜里，中波却可以传得较远，所以在夜间收听中波广播，时常会出现串台现象。

跳跃着奔向远方——短波

在地球大气层中，距地面约50千米上空，有一区域称为电离层，电离层中的气体分子受到太阳辐射出来的紫外线照射后会产生大量的自由电子

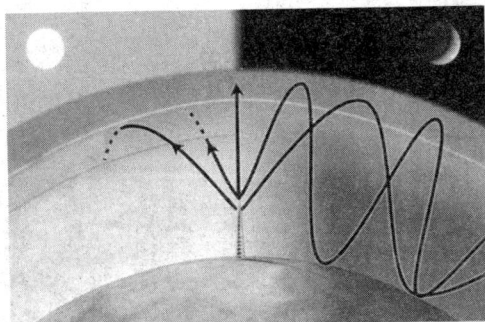

◆电离层反射短波

◆太阳黑子

和离子，这个过程称为"电离"，故有"电离层"之称。

电离层有一种特殊本领，它对中波或长波有吸收作用，而对短波却是全部反射回地面，而被反射回地面的短波又可以反射回空中。如此一来，短波就在地面与电离层之间来回反射，仿佛是一种跳跃，沿着地球弯曲的表面，把信息传到遥远的地方。因此短波广播能传输很远的距离。

短波的优点明显：设备简单，灵活机动，发射功率无需很大，却能传到很远的地方。但是短波也存在着明显的不足，原因是由于电离层经常变化，还有太阳黑子、磁暴等干扰，使得人们在收听短波节目时是总是听到一些嘈杂的声音，影响收听质量。

电视的信使——超短波

半导体收音机使用的是短波，那么电视信号依靠的又是什么频段的波呢？

电视信号的传播需要能够容纳大量信息的电磁波，这就需要频率较高的波。目前主要使用的是超短波。超短波又称米波，波长在1～10米，由于频率较高，所以通信容量较大，可以传输大容量的电视信号。我国最初确定的12个电视频道在48.5～92兆赫和167～223兆赫，每个频道带宽8兆赫。超短波除了用来传送电视信号之外，还有一部分用于高质量的调频广播。调频广播比普通中波广播抗干扰能力要强得多，雷电、电火花等对

其均不产生影响，因此广播的音质特别好。

从接力通信到卫星通信——微波

微波频率很高，波长仅在1
毫米～1米，它不像中波那样能
够沿地面绕过一定的障碍物传
送，它只能向空中直线传播。
由于地球是圆的，它的传送范
围就很有限。如要让它传得较
远，就必须隔一定距离就设一
个中转站，一站一站地往前传，
这称为接力通信。自从地球同
步卫星试验成功后，微波通信

◆微波通信天线

得到了广泛的应用。微波可以不受阻挡地穿越电离层，到达同步卫星，再
通过同步卫星中转，便可以把信息传遍全世界。

悦耳的声音传万里
——无线电广播与收音机

自赫兹发现电磁波以来，无线电波以其神奇的魔力改变着我们这个世界。广播、电视的普及使人们足不出户便知天下事，移动通信使人们可以随时保持联系，卫星通信使地球变成了一个村落。可以说无线电已融入我们的工作、生活，成为不可或缺的一部分。

◆听音乐

无线电语音通信试验

电报通信领域是无线电发明之后的最先得益者。科学家们同时也在考虑，无线电是否也可以用于语音通信呢？因为在此之前，美国发明家贝尔发明了电磁电话，爱迪生发明碳粒式送话器，1878 年贝尔及其助手沃特森在波士顿和纽约之间成功进行了长途电话实验，远距离的有线语音通信已经变为现实。那么在有线电话的基础上要实现无线电语音通信，关键问题就是如何把语音信号加载到无线电波上去，让语音信号随着电磁波（无线电波）飞奔，以及怎样把语音信号从无线电波中分离（解调）出来（即检波）。费森登在这方面作出了杰出的贡献，他是无线语音传输研究和探索方面的领军人物。

◆工作中的费森登

名人介绍：无线电广播发明者——费森登

1866年10月6日费森登生于魁北克省的米尔顿，1932年7月22日卒于百慕大的汉密尔顿。费森登在19世纪80年代是爱迪生手下的首席化学家，从1890年至1892年又在爱迪生的对手威斯汀豪斯手下工作。虽然同爱迪生或19世纪的其他许多发明家相比，费登森几乎不为人知，但实际上他获得的专利无论在数目上还是种类上都仅次于爱迪生而位居世界第二，他一生获得的专利达500项之多。他最引人注目的发明是对无线电波的调制。无线电波可以以脉冲形式模仿莫

◆费森登正在广播

尔斯电码的点划记号向外发送。1906 年，人们第一次用上述方法从马萨诸塞州海岸发送出无线电波信号，收音机真的收到了音乐。现在众所周知的无线电广播就是这样诞生的。

◆1908 年，弗莱斯特在埃菲尔铁塔进行广播实验

费森登被誉为无线电广播的创始人，从 1900 年起，就在美国的马萨诸塞州的布兰特城建立了专门的实验室，进行无线电通话实验，并已经逐步掌握了将人的语音通过送话器转变为音频电信号，再将音频电信号叠加到高频电磁波上发射出去的调制技术，同时也掌握了通过接收和检波把音频信号从无线电波中解调出来还原成声音的技术。

欧美国家先后开始了无线电广播实验。1907 年，德国人在柏林和德雷斯顿之间进行了无线电话通信实验。1908 年，弗莱斯特在巴黎埃菲尔铁塔利用无线电播放唱片进行广播试验。1908 年到 1913 年间，纽约的科学家应用简单的无线电装置转播音乐会节目。但由于从送话器输出的音频电信号太微弱，使得这种广播设备的发射距离十分有限，能够听到的人也很少。其真正原因是：限于当时的技术条件，很难有效地对强大的高频振荡电流进行调制。这就使得在 20 世纪第一个 10 年里，费森登虽然发明了无线电广播，但受发射机的调制技术不成熟和接收机灵敏度低的制约，并没有迅速地推广和应用。直到以后的电子管发明和应用之后，无线电广播才得到广泛的普及并传播得更远。

日新月异的变化——现代通信篇

第一次无线电广播

100年前的1906年12月24日，费森登首次用调制无线电波发送音乐和讲话，完成了人类最早的无线电广播实验。史料记载，当天晚上8点钟左右，在美国新英格兰海岸外航行的船上，一些听惯了莫尔斯电码的报务员们，忽然从耳机里听到了朗读圣经和悠扬的乐曲声，最后还听到了"圣诞快乐"的祝福。其实，他们听到的正是费森登在广播试验中播放的一段亨德尔的音乐和自己演唱的一首平安夜歌曲。

无线电广播腾飞的翅膀
——电子管的发明

电子管，一种广泛用于无线电通信设备的电气元件，在这里主要是指真空二极管和三极管，它们分别由英国科学家弗莱明和美国科学家德·福雷斯特发明。正是由于电子管的发明和应用，才使无线电广播技术得以日臻完善，插上了腾飞的翅膀。

◆爱迪生效应装置图

◆电子真空二极管

◆电子真空三极管

其实真空二极管的发明，如果追根寻源，也有大发明家爱迪生的一份功劳，爱迪生发现的电子热发射现象即"爱迪生效应"。

1883年，爱迪生在做实验的灯泡里装置了一段金属丝，当用一个灵敏的测量仪表将金属丝与通电灯丝相连时，仪表指示有微弱电流通过。令人遗憾的是，这没有引起爱迪生的重视。三年之后，英国科学家汤姆逊利用阴极射线管的实验证实了电子的存在，在这以后英国物理学家理查逊也用实验证实，这种"爱迪生效应"实际上是真空中被加热的灯丝能够发射电子（后来，汤姆逊和理查逊由于各自的发现，分别获得1906年和1928年诺贝尔奖）。

真空二极管的发明标志着人类控制和使用电子的开始，它是现代各种真空电子器件的先声，也为真空三极管的发明创造了技术条件，同时拉开了人类进入电子时代的序幕。

无线电广播走进千家万户——收音机的发明

事实上，无线电广播和收音机是不可分割的两部分。没有收音机，无线电广播无法接收，无线电广播也就无法普及。收音机接收了无线电波，再把无线电波上的各种语音信息解调下来，通过喇叭播放出悠扬的歌声，或是生动的故事或是各方面的知识。就这样，人们通过无线电广播和收音机了解天下大事，增长各方面的知识，欣赏悠扬的音乐，丰富自己的业余生活。可以说，无线电广播和收音机为无数家庭带来了欢乐和愉悦。

　　然而，在无线电广播发明的初期，作为收听广播的工具是由天线、线圈、检波器和耳机构成的最简单的接收器，可能与当时无线电收报机所用的接收器是一个东西，人们当时称之为"音乐盒"，而且数量也很少。人们所称的矿石收音机，据说是因美国科学家邓伍迪和皮卡尔德在无线电接收机里使用矿石检波器以后而出现的。1910年，邓伍迪和皮卡尔德开始研究无线电接收机，他们利用某些矿石晶体进行试验，发现方铅矿石具有检波作用，将其与由线圈组成的调谐电路与耳机相连接，就可以接收到无线电台放送的广播节目。由于矿石收音机无需电源，结构简单，深受无线电爱好者的青睐，至今仍有不少爱好者喜欢自己DIY和研究这类简易装置。

◆现代（半导体）收音机

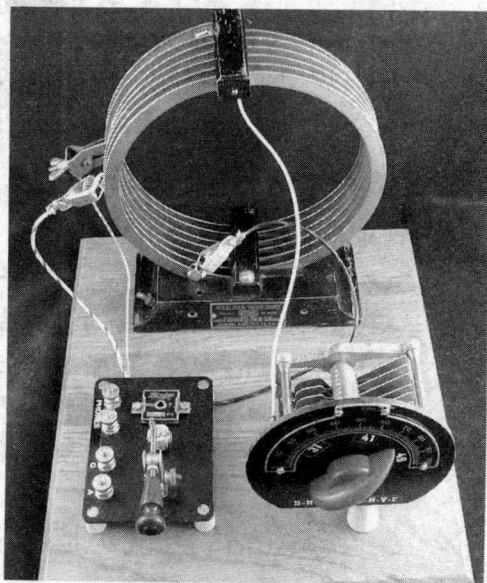

◆矿石收音机

逼真的影像传万家——电视的发明

众所周知，无线电收音机的应用早于电视机，但是将图像转换成电信号的研究比声音转换成电信号的研究还要早，这一事实却鲜为人知。电视机到底是何时问世的？谁是电视之父？一直是颇有争议的问题。1991年底，著名考古学家夏劳·勒加博士在埃及尼罗河畔一座新发掘的古墓中，竟然发现了一台完好无损的彩色

◆彩色电视

电视机。这台彩电以太阳能为动力，有四个三角形的荧光屏，四周还镶镀着黄金装饰边，而内里机件由目前世界上最先进的金属钛制成。这台彩色电视机质地坚固、造型美观，经科学鉴定，已有4200年以上的历史。这台彩色电视机从何而来，迄今仍是未解之谜。

传送视觉图像探索之路

传送图像其实质是复制图像的过程，如何通过电路复制图像呢？1843年，英国青年电气工程师亚历山大·佩恩首先向英国专利部门郑重地递交了一份称为"电信号远距离复写方法"的专利申请。他的基本设想是：先将需复制的画面用绝缘墨水印制在导电的锡纸上，用一支由摆锤驱动的扫描笔对画面进行扫描，同时缓慢下移。扫描笔经过绝缘墨水时，电流中断。而扫描摆锤通过电线与另一只摆锤相连，后一只摆锤驱动另一支扫描笔，由于电流传送的间断，在涂有亚铁氰化钾的纸上，出现了明暗不同、有规律的线条，构成了原来的画面。该专利在理论上是可行的，因为当时

技术条件的限制，复制出的画面效果达不到要求。佩思的试验宣布失败了，不过他的设想却成为以后的电视与传真电报机的发明的参考思路。

继佩恩之后，更多的物理学家、电气工程师等投入到这项发明工作中去，其中几个主要任务和贡献分别是：1862年意大利物理学家乔万尼·加塞利在佩恩的设计上添装了一个同步仪器，实现了佩恩的设想；1877年法国的萨雷克同样利用佩恩申请的传真技术提出了图像传送的电视广播设想；1879年2月，电学家莱德蒙发表了世界上第一篇有关传送视觉图像的论文。1884年，德国电气工程师保罗·尼普科夫发明将图像转换成电流的新方法，他在圆盘上沿螺线钻一串小孔，将其置于画面前旋转，依次将画面的各像素转换成连续的明暗变化，再将这明暗的变化转换成电流的强弱，转送出去。该装置后被称为"尼普科夫盘"。它的出现，犹如给机械电视的诞生打下一剂催产针。"尼普科夫圆盘"对光电转换的要求较高，传送图像除了要求将图像转换成为光的明暗外，还要求将光的明暗对应转换成电流的变化。

◆保罗·尼普科夫

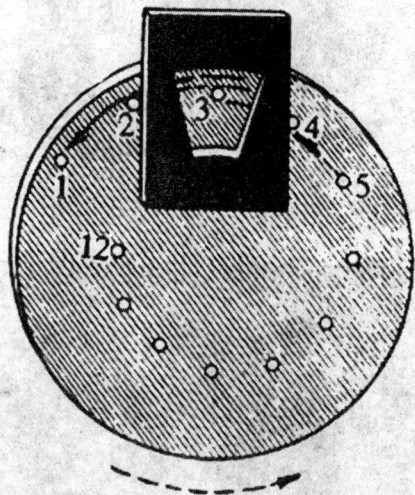

◆尼普科夫圆盘

电视图像的还原

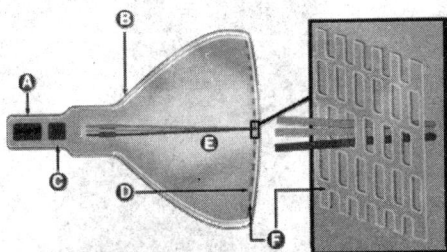

◆彩色成像原理

1926 Baird "Falkirk" Transmitter

◆电视机古董机型之一

◆电视机古董机型之二

电视信号的传输要解决两个问题，一是在发射端将光信号转化成电信号，二是在接收端将电信号还原成光信号。当时的技术已经发展到发送方面已能将光的变化转换成电的变换，而在接收方面如何将电的变化显示成可见的图像变化还有待攻克。这一难题最终由德国斯特拉斯大学的布劳恩教授解决，他发明了显像管。这是一种特殊的真空管，使阴极射线的电子束射到涂有荧光粉的真空管面屏上，强弱不同的电子束将激发出对应的荧光束，从而显示出图像。1907 年，俄国的科学家罗钦科对布劳恩设计的显像管进行了改进，使之得到完善，但是还不能真正投入到实际使用中。直到 1925 年，尼普科夫盘的原理才得以真正付诸实践。37 岁的英国工程师约翰·贝尔德利用尼普科夫圆盘的原理制作出了一套机械的电视转送、接收装置。电视的第一个演员是住在贝尔德楼下的邻居威廉·戴恩顿，威廉在一个房间作为拍摄对象，而在另一间房里的电视接收装置中魔术般地出现了威廉·戴恩顿的活动图像，此时真正的电视才算出现了。1926 年 1 月 20 日的英国《时报》对此作了生动的报道。戴恩顿确实没有料到，贝尔德这一

邀请具有历史性的意义，使他成了世界上第一个上电视屏幕的"演员"，而且成为机械电视首次传送试验成功的关键见证人。次年，具有科研与商业头脑的贝尔德，成立了贝尔德电视公司，开始小批量生产、出售机械式电视接收机，正式揭开了电视广播的序幕。由于贝尔德的重要贡献，后人称他为"电视发明的先驱者"。

◆电视机古董机型之三

随后，电视进入了快速发展期，德国、美国、法国、日本、意大利等国的物理学家、电气工程师进一步对电视技术进行了研究，都获得了较大成果。到20世纪20年代后期，生活在美国纽约的富人阶层已经能坐在家中欣赏到了华盛顿的优美歌舞剧表演。

名人介绍：电视机发明者——贝尔德

英国科学家约翰·洛吉·贝尔德（John Logie Baird，1888—1946）出生于

◆贝尔德

英国苏格兰的格拉斯哥，大学毕业后在一家电器公司工作。1923 年，由于身体原因，他辞职在家，并受马可尼的远距离无线电发明的启示，决心开始"用电传送图像"，一直致力于用机械扫描法传输电视图像。1925 年 10 月 2 日，他终于制造出了第一台能传输图像的机械式电视机，这就是电视的雏形。尽管画面上木偶面部很模糊，噪音也很大，但能在一个不起眼的黑盒子中看到栩栩如生的图像，仍引起了人们极大的兴趣。刚问世的电视被称为"神奇魔盒"。

管理和协调各国通信
——国际电信联盟

看过电影《尼罗河上的惨案》的人都知道，一位名叫波洛的大侦探在一艘行驶在尼罗河中的游船上侦察一个案件，当侦察工作进行到关键时刻，凶手感到自己即将暴露，于是铤而走险、孤注一掷，企图害死这位侦探。凶手设法在波洛的舱房里放进了一条剧毒的眼镜蛇。当波洛回到自己房间时，突然发现一条眼镜蛇正龇牙咧嘴地瞪着他，伸吐着尖舌向他步步逼近。波洛吓了一大跳，进退两难。正在这危急关头，

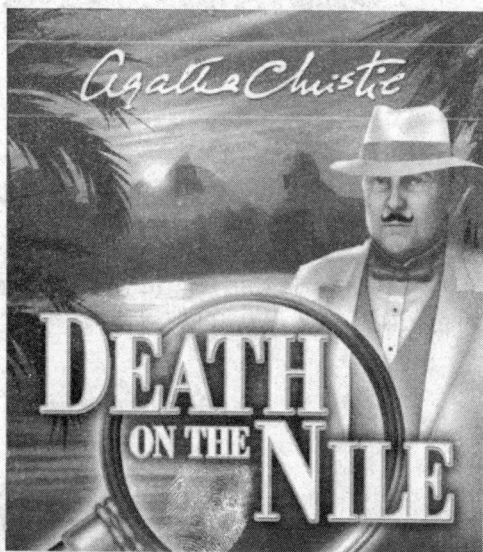

◆《尼罗河上的惨案》电影海报

他急中生智，在墙上轻轻地敲了几下。隔壁的雷斯上校及时持剑而入，刺死了眼镜蛇，解救了波洛。雷斯上校怎么会知道波洛遇到了危险呢？原来波洛在墙上敲出的声音是英文 SOS 的电码信号。那么，什么是 SOS 呢？为什么雷斯上校一听到 SOS 的信号就知道波洛在呼救呢？

国际通用求救电码信号——SOS

当人们在各种危险的环境中以各种方式发出 SOS 的求救信号时，收到信号的救援队伍就会在第一时间赶到，展开积极有效地营救。那么人们为何会以 SOS 作为求救信号呢？

◆国际通用求救信号

关于"SOS"作为求救信号很多人的认识都存在一定的误区。目前主要有以下几种说法：一些人认为"SOS"是三个英文词的缩写，"Save Our Souls"（救救我们）；也有人解释为"Save Our Ship"（救救我们的船），更有人推测是"Send Our Succour"（速来援助）；还有人理解为"Saving of Soul"（救命）……真是众说纷纭。

真正的原因是什么呢？还要从莫尔斯码说起。SOS这三个字母用莫尔斯电码拍发时是三短三长三短，写出来就是三点三横三点（…———…）。其优点一是好记；二是有节奏，在紧急情况下拍发比较容易；三是可以连续拍发，容易引起人们警觉。所以才把它作为国际遇险呼救信号。

信号为什么要统一起来

从以上的例子可以看出，信号需要统一，只有统一的信号才能得到大家的认同，才不会混乱。由于无线通信的便捷与迅速，随着科技的发展，无线电通信在全球范围内的迅速普及，各个国家之间的通信也更多地依赖于无线沟通。但是各国有各国的无线电通信系统，各系统之间并不兼容，其结果必然会引发许多麻烦，甚至是纠纷。

◆通信系统混乱好比这一团混乱的电线

此外，无线电波的频率资源是有限的，当可用的无线电通信频率被大量占用，通信频道会变得越来越拥挤，各电台之间就会相互干扰，直接影

响各国的通信正常进行。这就说
明，国际通信需要一个统一的技术
标准，需要有一个统一的组织来进
行管理和协调。在这种背景下，
1947 年国际电信联盟宣告成立。
国际电信联盟是联合国的专门机构
之一，其任务是组织会员国研究国
际通信的技术问题，协调各会员国
电信管理部门的行动，扩大国际电
信合作，以改进和提高国际间通信
的质量和效果。国际电信联盟总部
设在瑞士的日内瓦，至今已有 191
个会员国。国际电信联盟制定了国
际无线电规则，并对各国使用的无
线电频率进行登记。

◆国际电信联盟标志

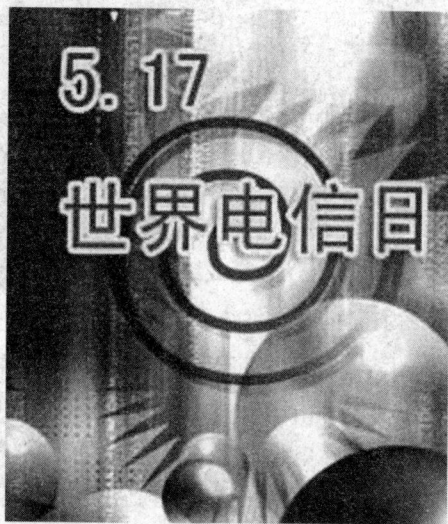

人们都以无边无际来形容广阔
空旷的天空，其实，对于无线电波
来说，天空不但不空，而且还相当
拥挤。现代社会，众多的广播电台
和电视台，以及通信卫星，再加上
各类短波和微波通信设备，它们每
时每刻都在向空中发射着各种不同
频率的电波。就是靠这些无线电
波，才把相隔遥远的各个国家联在
一起，构成了国际通信。整个天空
中充满了各种不同频率的无线电
波，就好像一条繁华的大街上挤满
了汽车、电车、自行车和步行的人
群一样，熙熙攘攘，热闹非凡。

◆世界电信日

各司其职互不干扰——频段

◆频道好比划界的快慢车道

◆日内瓦国际电信联盟会议室

那么，这么多无线电波同时在空中传播，如何才能不产生互相碰撞和干扰，这就需要把现有的无线电频率分成不同的频段。例如中波广播频段就是从 526.2 千赫到 1605.2 千赫。而且在每个频段里工作的无线电台又都有各自的频率，例如中央人民广播电台娱乐广播开播，频率呼号为"中央人民广播电台娱乐广播"，播出频率为中波 747 千赫，覆盖范围在北京地区。每个电台只能在规定的频段中使用自己的专用频率，不能乱用，就好比快、慢车道和人行道上的车辆和行人一样，各行各的车，各走各的路。因而互不碰撞，互不干扰。

国际无线电通信中的频段划分、使用和协调，以及有关技术标准的研究和制定都由国际电信联盟的常设机构——国际频率登记委员会来负责。人们称国际电信联盟为无线电通信的"空中协调指挥官"。

国际频率委员会的主要任务是将各国使用的无线电频率加以登记，然后形成"国际频率登记总表"，根据这张总表和国际无线电规则来确定哪些国家适合使用哪些频率。如果有国家违反这些规定，对其他国家电台广播通信造成有害的干扰，国际频率登记委员会便根据一定的程序加以协调处理。

近年来，由国际电信联盟主持召开了世界水上无线电大会、世界卫星

广播大会、世界航空通信大会、全面修改国际无线电规则的无线电管理大会等会议，制定了各种无线电技术标准和频率分配方案，以适应不断发展的现代无线电通信的需要。

科技文件夹

频段

　　什么是频段呢？频段就是一定的频率范围。例如，我们使用的半导体收音机，有的可收中波，有的可收中波、短波，还有调频。人们购置半导体收音机时，总先要弄清楚它能收几个波段，这个波段就相当于我们所说的频段。按照国际无线电规则规定，现有的无线电通信共分成航空通信、航海通信、陆地通信、卫星通信、广播、电视、无线电导航，定位以及遥测、遥控、空间探索等50多种不同的业务，并对每种业务都规定了一定的频段。

小贴士——国际电信联盟

　　国际电信联盟（International Telecommunication Union——ITU）是联合国专门机构之一，主管信息通信技术事务，由无线电通信、标准化和发展三大核心部门组成，其成员包括191个成员国和700多个部门成员及部门准成员，其前身为根据1865年签订的《国际电报公约》成立的国际电报联盟和1906年由德、英、法、美和日本等27个国家在柏林签订的《国际无线电公约》。1932年，70多个国家的代表在马德里开会，决定把两个公约合并为《国际电信公约》并将国际电报联盟改名为国际电信联盟。1934年1月1日新公约生效，该联盟正式成立。1947年，国际电信联盟成为联合国的一个专门机构，总部从瑞士的伯尔尼迁到日内瓦。

　　国际电信联盟的宗旨是：维护和扩大会员国之间的合作，以改进和合理使用各种电信；促进提供对发展中国家的援助；促进技术设施的发展及其最有效的运营，以提高电信业务的效率；扩大技术设施的用途并尽量使之为公众普遍利用；促进电信业务的使用，为和平联系提供方便。

　　最高权力机构为全权代表大会，由代表会员国的代表团组成，每5年开会一次。代表大会的主要任务是选举秘书长、副秘书长，修订电联公约等。大会闭会

期间，由 41 名理事组成的行政理事会代行大会职权，每年开会一次，负责处理财务、人事等方面的行政事务。联盟下属的 5 个常设机构是：总秘书处、国际电报电话咨询委员会、国际无线电咨询委员会、国际频率登记委员会和电信发展局。

接通千家万户的桥梁
——电话交换技术

现在，人们在任何地方几乎能够同世界上任何地区的人通话。电话网可以说是星罗棋布，而且还在不断地扩展延伸。然而，只有众多的电话线是不够的，它必须与电话自动交换机配合。交换技术的先进与否直接关系到通话的质量，人们打电话离不开交换机。电话交换机又是怎样发明的呢？自动电话交换技术的发展经历了步进制电话交换机、纵横制电话交换机、程控数字电话交换机等几个重大的转折点。下面来了解一下自动电话交换技术的发展史。

◆旧时唐人街人工电话交换

步进制自动电话交换机

自动电话交换系统的发明我们将从一个故事说起，当然这个故事的真实性有待考证，但发明者史端乔是真实的。

据说，史端乔原来是美国堪萨斯城一家殡仪馆的老板，专门承办丧葬业务。他的殡葬业务很多也依靠电话联系。而他发现由于人工电话局的话务员总是有意无意地把生意电话接到另一家殡仪馆里时，史端乔十分光火，这极大地影响到了他的发财之路。由此他决心发明一种不要话务员人工接续的电话交换机，机器是不会骗人的，经过努力，他成功了。

通信王国的变迁

◆20 世纪 40 年代女子接线员

◆步进制自动电话交换机

1892 年，这种以史端乔的名字命名的交换机在美国印第安纳州拉波特城安装使用，这也是第一部自动电话交换机。

随着电话机技术不断提高，出现了拨号盘电话，用户只需自己拨动号码盘，输出的号码信息就会与自动交换机联系，从而找到对方的电话，电话和交换机融为了一体。从今天人们所接受的教育程度看，这个过程也不复杂，当人们拿起电话时便接通了交换机，假设你所要的号码是 2467，用手指拨数字 2，当拨号盘回到它原来的位置时，电话机内的一对触点"咯呖"接触两次，这时就向交换机输送两个电脉冲信号。电话交换机中的一个电磁装置移动到电话选择机的第一触排第二个触点，并且接触。拨第二个号码 4 时，再送出四个脉冲到交换机，这使电磁装置自动地联系到第一触排的第四个触点。拨其余号码时依次进行，直到全部电话号码拨完为止。

于是有一个呼唤信号接到所要的电话机处，用户来接电话，进行通话。

史端乔发明的自动电话机是靠用户拨一位又一位的电话号码，直接控制交换机中的选择器一步一步动作，最终把主叫用户和被叫用户的电话机接通的，因此，它被称为步进制自动电话交换机。

史端乔的电话自动交换机十分方便，但它初期的维护费用很高，再加

上它运行缓慢，只能是在线路最忙的时候才有经济效益。这样算起来还是雇用接线员节省开支。到了 1926 年，在电话发明了 50 年后，每 5 部电话机中就有 4 部仍然需要人工接线员，没有他们就无法进行长距离的通话。

◆A22 步进制自动电话交换机

纵横制电话交换机

　　史端乔的电话自动交换机尽管非常方便，但从以上情形分析还需要改进。瑞典人帕尔姆格伦和贝塔兰德在这方面取得了骄人的成绩，他们发明了纵横制自动电话交换机，并申请了专利。

　　纵横制电话交换机由话路接续设备和公共控制设备两部分组成。话路接续设备的作用类似于人工电话交换机中的塞

◆纵横制电话交换机

绳，完成通话接续和信号接续的任务。纵横制自动电话交换机中的话路接续设备叫纵横接线器，它利用了数学中的纵横坐标原理。当把本来断开的 2 号纵线和 3 号横线交叉点闭合时，接在 2 号纵线和 3 号横线两端的两部电话机就接通了。至于公共控制设备，它主要完成人工电话交换机中话务员承担的工作，包括发现有用户在打电话，记住用户拨的电话号码，控制接线器接通主叫用户和被叫用户的话机，以及在通话完毕后拆线等。公共控制设备的核心部件是记发器和标志器。

讲解——纵横制电话交换机的工作过程

　　主叫用户拿起电话时，公共控制设备立即发现该用户要打电话；随着主叫用户拨号，记发器收下并记住了被叫用户的电话号码，转发给标志器；标志器控制话路接续设备相应交叉点的接点闭合，将主叫用户和被叫用户接通；接通被叫用户后，交换机还向被叫用户发出振铃信号（同时向主叫用户发振铃回音信号，就是在拨完电话号码后听到的那种"嘟——嘟——"的断续音）；通话完了后，再使纵横接线器的接点断开，也就是拆线。通过以上介绍可以看到，公共控制设备的"智商"还真不低，模仿话务员工作可以称得上惟妙惟肖呢！

◆美国电报电话公司标志

◆美国电报电话公司大厦

　　从 20 世纪 40 年代到 60 年代初，美国电话电报公司建立了长距离直接通话系统，远远地走在了前面。他们在电话通讯中相继引入了电子管放大器、晶体管放大器等器件，将拨号电脉冲转变为音频，从而使远距离通话双方的声音清晰，仿佛近在咫尺。并且美国电话电报公司深谋远虑，冒着多次破产的危险，即使在一些毫无经济意义的地区他们也是不遗余力地抢占市场。当整个国家最终连成网络时，证明了他们的坚持是多么地重要，人们已经离不开他们了。人们可以在这个国家的任何地方打电话而不必担心有人在电话上捣乱。

　　20 世纪 50 年代中期，由于拨号电话技术进一步发展，老的交换机体也开始更新换代，电话工程师们开始设计晶体管交换设备。半导体技术不但能降低交换机昂贵的成本，而

且制造出的新型交换机成本低廉，空间占地小。其运行速度比较快，几乎在打电话的一瞬间即可接通。

程控数字电话交换机

那么，目前我们家里使用的电话机用的是什么样的交换机呢？答案是程控数字电话交换机。程控数字电话交换机于 1970 年问世，它是利用电子计算机作为公共控制设备、对数字话音信号进行控制的自动交换设备。程控数字电话交换机的诞生，使电话机进入了一个全新的时代，标志着当代交换技术的发展方向。

知识库——程控数字电话交换机原理

大家知道，电话是利用送话机把人的讲话声变换成话音电流在电话线中传送，经过交换机的接续，在被叫用户的电话机受话器中将话音电流再还原成讲话

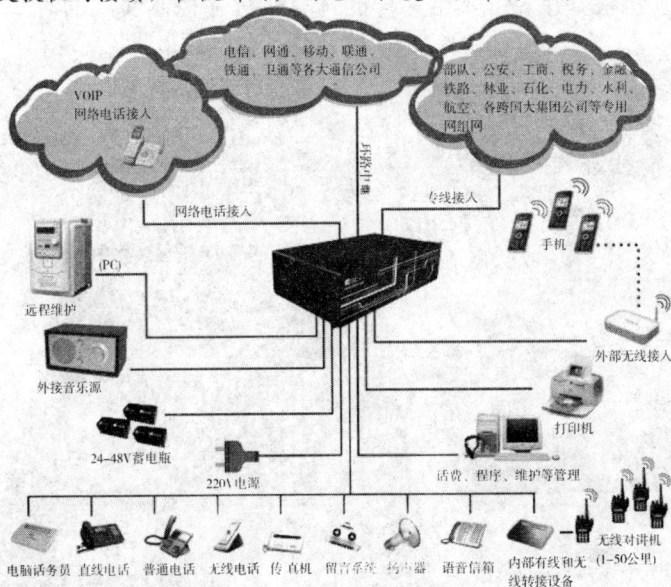

◆数字组网连接图

声音。人的讲话声是连续变化的声波，经送话器进行声—电变换后，产生的电信号是连续变化的模拟话音信号，在电话线路中传送的和通过一般交换机的电信号也都是连续变化的。而对程控数字电话交换机来说，通过它交换接续的是数字话音信号。数字信号完全不同于模拟信号，它的特点是大小被限制在几个数值之内，不是连续的而是离散的。例如，它可以是由一系列有电流和无电流组成的间断的信号；有电流相应于二进制数中的"1"，无电流相应于二进制数中的"0"。电报通信中应用的莫尔斯电码实质上就是数字信号。

程控数字交换机的出现使电话交换进入了一个全新的时代。它具有一系列其他交换机无法相比的优点。

第一个优点，在程控数字交换机中，话路接续设备采用了大规模集成电路，设备体积小，重量轻，大大节省了交换机房的面积。同时，程控数字交换机由于甩掉了继电器和纵横接线器，还节省了大量金属矿产资源。

第二个优点，程控数字交换机中所有的电话接续中完成的步骤都是由计算机软件（程序和数据）控制的，通过设计程序修改数据，就可以灵活地扩充交换机的功能，而不像人工交换机或步进制、纵横制交换机那样，交换机制造好后功能就很难改变了。程控电话的一些新业务，如缩位编号、热线服务等，都是靠灵活多样的计算机程序控制实现的。一直难以解

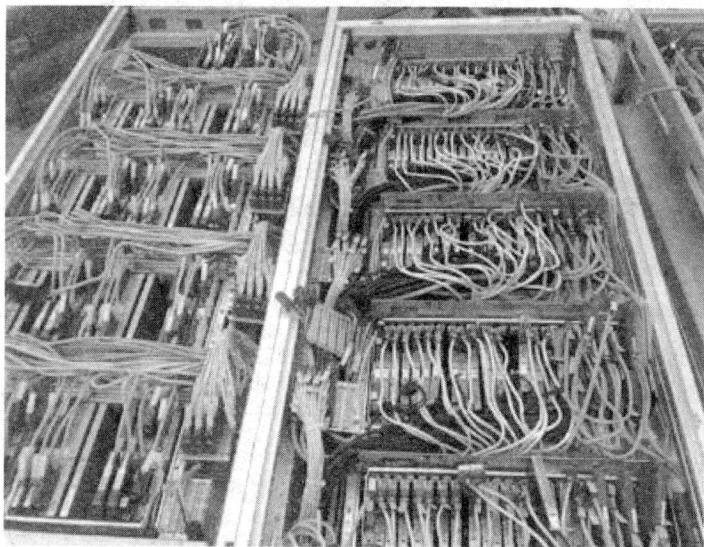

◆程控数字交换机

决的电话计费问题，在程控交换机中也迎刃而解了。交换机中的计算机，能记住用户每次通话的起止时间，并按一定费率计算出通话费用，自动打印单据，作为向用户收费的依据。

第三个优点是程控数字电话交换机最富有生命力的优点。程控数字交换机与光纤通信系统以及微波通信系统、移动通信系统、卫星通信系统等结合，不仅可以向用户传送高质量的话音，而且可以提供电报、数据、传真等非话业务（电话之外的通信业务），并逐步向综合业务数字通信网过渡。

蝙蝠的启示——遥感技术

◆遥感技术全球应用

明代小说家吴承恩的神话小说《西游记》在我国可说是家喻户晓了。我们都知道，这部小说中的孙悟空有一双火眼金睛，无论白天黑夜，均能远眺万里，明察秋毫。当然，这是神话，然而，现代高新技术有时能把神话变成现实，遥感技术就好比使我们人类长上了一对"火眼金睛"。遥感，顾名思义，就是从遥远的地方感知信息。

蝙蝠的启示——遥感技术原理

遥感技术最早是来源于蝙蝠的启示。人们总能惊奇地发现，无论是漆黑一团的山洞还是在夜晚的天空中，蝙蝠都能自由自在地穿梭飞行，从不会撞到任何东西。更令人吃惊的是，蝙蝠能在运动中捕食那些运动着的生物，例如蚊子。最初人们以为蝙蝠有一双特别敏锐的夜视眼呢，事实上令人惊奇的是蝙蝠的视力是很差的。这就奇怪了，蝙蝠能夜间捕食的本领是从何而来呢？其中到底隐藏着什么样的秘密呢？经过研究，科学家发现奥秘在于蝙蝠能够由喉咙产生一种特殊的波，叫强超声波，这种波通过蝙蝠的嘴和鼻孔向外发射出去，同时接收这些超声波遇到物体后的反射波。从接收的这些回波中，蝙蝠能判明物体距自己的距离及大小，甚至能判明是

食物还是障碍物。这其实就是一种遥感技术，蝙蝠依靠它就能在漆黑的环境中准确地飞行和捕食。

蝙蝠靠的是超声波，而现代遥感技术运用的则是电磁波。世界上所有物体都具有吸收、反射、散射、辐射和透射电磁波的本领，我们所熟知的光也是一种电磁波，所以所有物体都可以吸收、反射电磁波。但是各种物体对各种颜色的光的吸收和反射程度不同，白花之所以是白色，红花之所以是红色，都是它们反射到我们眼中的光，其余颜色的光被吸收了就看不见了。正是这样才形成了我们这个五彩缤纷的世界。不同物体辐射、反射、吸收的电磁波也不一样。此外，物体辐射和吸收电磁波的情况还受到温度的影响，甚至同一物体在不同的状态下，比如水在液态、固态、气态这三种状态下所吸收、反射或辐射的电磁波也不同。这种特性就叫做物体的光谱特征。遥感技术的基本原理就是源于物体的这个光谱特征。

因为各种物体的光谱特征

◆活雷达——蝙蝠

◆感受各种颜色的花实际是各种电磁波的反射结果

◆蝙蝠的超声波发自于喉咙

各不相同，所以我们只要事先用仪器收集，记录下各种物体在不同情况下的各种光谱，然后用电子计算机进行处理、分析，并储存起来，在遇到不明物体时，用遥感仪器探测这个物体辐射或反射的电磁波，然后进行比较分析，就可以得到这个物体的各种宝贵信息了。

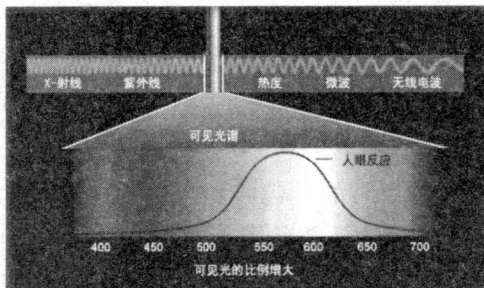

◆可见光谱

科技文件夹

电磁波

电磁辐射按照频率分类（从低频率到高频率）包括有无线电波、微波、红外线、可见光、紫外光、X射线和伽马射线等等。人眼可接收到的电磁辐射波长大约在 380 至 780 纳米之间，称为可见光。只要是本身温度大于绝对零度的物体，都可以发射电磁辐射，而世界上并不存在温度等于或低于绝对零度的物体。

遥感技术的发展

遥感技术作为一种空间探测技术，至今已经经历了地面遥感、航空遥感和航天遥感三个阶段。广义地讲，遥感技术是从 19 世纪初期（1839 年）出现摄影术开始的。19 世纪中叶（1858 年）就有人利用气球从空中对地面进行摄影。

◆航空航天遥感图

1903 年飞机问世以后，便有了航空遥感技术，从空中对地面进行摄影，并将航空摄像应用于地形和地图制图等方面。可以说这揭开了当今遥

◆卫星遥感

感技术的序幕。

20世纪中期，遥感技术有了很大发展。随着空间技术、无线电电子技术、光学技术和计算机技术的发展，遥感器从第一代的航空摄影机，第二代的多光谱摄影机、扫描仪，很快发展到第三代固体扫描仪（CCD）；遥感器的运载工具从收音机很快发展到卫星、宇宙飞船和航天飞机，遥感信息的记录和传输从图像的直接传输发展到非图像的无线电传输。

蝙蝠的化身——遥感技术的应用

遥感技术是以各种物体所具有的能辐射、反射电磁波的物理特性为基础，借助某些手段来探测物体的特征信息，然后通过信息处理中心处理，从而来认识了解物体。从这一技术层面分析，遥感技术应包括三个组成部分。

一是能够感知远处物体性质的设备，统称遥感仪。它的作用是接收物体辐射或反射过来的电磁波。如微波雷达、航空摄影机、多光谱摄影扫描仪、激光散射仪、夫琅和费谱线鉴别仪等。

二是要有遥感平台，即架设遥感仪器的平台，用一种运载工具，把遥感仪送到同被探测物体保持一定距离和角度的地点去。航空遥感

◆航空遥感图

◆航空摄影机

就是飞机遥感平台。还可将遥感仪装在船上、车上，谓之地面遥感。目前使用最广泛的是采用人造卫星或宇宙飞船作遥感平台，叫航天遥感。

三是识别设备，收到的目标物信息特征由识别设备处理和判读。识别设备主要由电子计算机、彩色合成仪等仪器组成。

小资料——遥感技术在我国的应用

1987年5月6日至6月2日，中国东北大兴安岭北部发生了特大森林火灾。在扑灭大火的过程中，卫星遥感监测技术发挥了重要作用。在扑灭大火的战斗中，国家气象局向森林防火总指挥提供了70余幅反映林火发展情况的卫星影像图。为制订灭火计划和灭火部署提供了科学的依据。

那么遥感技术在森林灭火中如何发挥作用的？原因是地球上的物体都在不停地吸收、发射和反射电磁波，并且不同物体的电磁波特性是不同的，遥感技术就是在这个原理基础上发展起来的。遥感的关键装置是一种被称为传感器的仪器。传感器在航空或航天器中接收地面物体反射的电磁波信号，以图像的胶片或数据磁带形式记录下来，传送到地面，最后通过处理和判读分析，揭示物体的特征、性质及其变化。

由于遥感探测范围大，获取资料速度快、周期短，受地面限制少，因而广泛应用于资源普查、灾害监测、工程建设及规划等各个领域。

遥感技术立奇功

遥感技术最先用于军事侦察。不论是一次军事演习，还是一种新型仪器的试验，都逃不过遥感卫星的"火眼金睛"。根据红外扫描仪的记录，可以发现地面上哪些飞机正在发动或降落。更有意思的是，有的飞机虽然已经飞走了，然而根据接收到的红外线信息，还可以判断出飞机起飞的先后和飞走的方向。

遥感技术成功地在探测石油、天然气、矿床和海洋等资源方面作出了巨大贡献。在我国的四川省，利用遥感技术发现了煤矿和油气田；在美国的密歇根州，利用遥感技术发现了石油和天然气；在巴基斯坦的巴尔吉斯坦地区，利用遥感技术发现了铜矿；在美国的犹他州，利用遥感技术发现

了铀矿床……

遥感技术还具有监测动态变化的特长，用它来监测江河湖海和大气的污染，以及土壤的盐碱化等，都收到了很好的效果。在气象预报工作中，不但可以用它来预测台风和暴雨的形成，还可以提出中长期旱涝预报。此外，在预测地震、发现森林火灾和农田病虫害等许多方面，遥感技术也可发挥巨大的作用。

◆正在遥感测绘军事无人机

史无前例的接力赛——微波通信

在城市里人们可看见一些高层建筑顶端的铁塔上架设着一个或几个奇特的大锅，"锅口"各自正对正前方。或者乘坐汽车或火车外出旅游时，在路途上又会看到，在高高的铁塔上或高山顶上也架设有同样的"大锅"，它们的用途是什么呢？它们就是微波接力通信系统中用来发射和接受微波的天线。

◆奇特的"大锅"——微波天线

电磁波家族中的重要成员——微波

◆微波与水波都是机械波

在初中物理课本中我们学习了声音，知道了产生声音的振动传播形成声波，声波是一种机械波。同属于机械波的还有水波、绳波、地震波等，它们的传播需要介质。这里所讲的微波，是电磁波的一种。电磁波的传播却不需要介质，它在真空中同样可以传播。这就使得电磁波能穿越太空、飞跃

大洋，能够到达人们难以到达的地方。微波我们人类用感官感受不到，但是通过收音机、电视机我们却在时时刻刻地应用着它。

点击——什么是微波？

微波是指频率为 300MHz～300GHz 的电磁波，是无线电波中一个有限频带的简称，即波长在 1 米（不含 1 米）到 1 毫米之间的电磁波，是分米波、厘米波、毫米波和亚毫米波的统称。微波频率比一般的无线电波频率高，通常也称为"超高频电磁波"。微波作为一种电磁波也具有波粒二象性。微波的基本性质通常呈现为穿透、反射、吸收三个特性。对于玻璃、塑料和瓷器，微波几乎是穿越而过不被吸收。水和食物等会吸收微波而使自身发热。而金属类东西，则会反射微波。

微波携带信息在天空飞驰——微波通信

通信的作用就是传递消息，其目的是实现处于不同地域的人们彼此交

◆微波好比是地球、卫星汽车间的"信使"

流信息。这和古代通信并无两样，而现代通信需要便捷、高效、高速，微波通信正向这方面迈进。19 世纪中期至 20 世纪初，电磁学的发展推动了通信技术的革命。电磁波替代了传统的邮递员，好比邮递员携带着信件，电磁波运载着信息以每秒 30 万千米的速度，把信息送达目的地，这是任何其他信息载体无法比拟的。

讲解——微波是如何工作的？

微波通信就是以微波这种空间电磁波作为"信使"，把信息运送到目的地。那么，我们又是怎样把信息载入到微波之上的呢？我们来了解一下微波通信的过程：在发信端，首先把语音、文字、音乐、图像等信息变换为原始电信号，然后又把携带信息的原始电信号"载入"到微波信号上，再经过放大器放大后由天线发射出去。携带信息的微波信号经过空间传送到收信天线，收信端又从收到的微波信号上"取出"原始电信号，再把复原的电信号变换为信息（语音、文字、音乐、图像等）。

为什么地面微波通信需要接力传输？

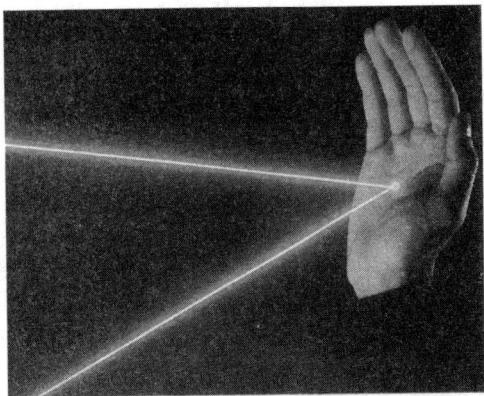

◆微波好比激光是直线传播的

众所周知，光是直线传播的，初中物理所学的小孔成像就反映了这个原理。光只有在障碍物的尺寸和光的波长差不多的时候，才能绕过障碍物继续前进，这个现象称为衍射。微波同样具有这样的特性。微波也是直线传播的，因为地面上绝大多数的物体都要比微波的波长大得多，根本不能发生明显的衍射现象，所以非常容易被高山峻岭阻挡。另外，地球是一个球体，地面是一个球面。地面上某

点发出的沿直线传播的微波束，经过一定地段后（一般50千米左右）就会离开地球射向天空。因此，必须采用接力传输的方法来实现地面微波通信的远距离传输。根据地球表面的弯曲程度，微波接力通信就是在地面上相距很远的A、B两点，大概每隔50千米左右便设一个中间接力站，微波信号由发信终端（A站）定向发射给予它相

◆山顶的微波中继站

隔约50千米的中间接力站，一站接着一站地往前传递，直到收信终端（B站）为止。

另外，微波在空间的传播中要受到大气吸收、折射、地面反射等诸多因素的影响，使能量受到损耗，频率越高，站距越长，微波能量损耗就越厉害。因此，用接力传输方式在中间站给微波这个"信使"补充能量也是必要的。

微波的定向传输——微波天线

◆现代微波天线

微波天线为什么类似于一个大锅呢？在这里先作个形象的比喻：一个光源发出的光会直线式地射向四面八方。欲使光集中地照射在书架上，提高照明度，简单的办法是在灯头上加一个适当角度的反射灯罩，就可以使灯光集中定向射到桌面。微波的波长接近于光波，其传输特性也近似于光波呈直

线传播。根据这个道理，人们设计了一个奇特的"大锅"作为微波的反射罩，用于实现微波能量的定向传输。

这个"大锅"就是架设在微波站外边铁塔上的微波反射罩，即微波收、发信天线。它由三部分组成：（1）反射主体。它是一个用金属做成的抛物面，固定在铁塔上，其作用是发射微波。（2）副反射体。它是用四个绝缘支柱架在锅口正前方的金属小圆盘，朝向锅口那一面是凸面，其作用是反射微波。（3）喇叭辐射器。它是放置于锅底中心的一个金属喇叭口，其作用是从喇叭口辐射或吸收微波。

天外来客——卫星通信

美国人最先利用月球作为天然的无源反射中继站，成功地进行了地球—月球—地球间的无线电话传输实验。但是，最早提出设想利用人造卫星作为微波中继站建立地面远距离通信线路的却不是美国人，而是英国人阿瑟·克拉克。即使在当代，每当人们说到卫星通信时，都不能不提及阿瑟·克

◆欧洲通信卫星

拉克。正是由于他 60 多年前提出的天才设想、伟大预言，人类才进入了今天这样一个卫星通信时代。

克拉克的出色预见

第二次世界大战刚结束，一篇名为《地球外的中继——卫星能给出全球范围的无线电覆盖吗?》的文章在英国《无线电世界》杂志第 10 期上发表了，文章作者署名阿瑟·克拉克。这是一篇具有历史意义的卫星通信科学设想论文，在这篇论文中，克拉克通过对当时

◆地球外的中继站

的通信情况分析，指出了全球范围的全天候通信和电视广播的重要性和必

◆"嫦娥一号"卫星

◆卫星能量主要来自于两翼太阳能电池板

要性，并对当时的传播途径和方式进行了考察。他认为，无论采用短波方式还是有线方式，通信都将受到一定条件的限制，且费用非常昂贵。克拉克根据当时科技发展的状况，尤其是太空技术和无线电技术的进展，提出了实现卫星通信的可行性。克拉克称："如果在地球赤道平面离地35860千米的高空，以120度的间隔放置三颗卫星，就可以让卫星覆盖全球绝大部分的表面积，这样就可以建立全球性卫星通信网。"

克拉克并非只是提出一个设想，而是有详细的可行性论证，他甚至详细研究了卫星通信中所涉及的具体技术问题：卫星通信的频段、卫星的覆盖、卫星天线、卫星功率以及卫星能源和星蚀问题。综合所有因素，克拉克提出关于卫星通信技术的四点结论：1. 对所有可能的业务类型来说，卫星是唯一能达到全球覆盖的方式；2. 它能不受限制地使用至少100赫兹宽的频宽，在使用多波束情况下卫星信道数几乎不受限制；3. 所需功率极小，因为"照度"效率几乎是100%，并且功率成本非常低；4. 虽然卫星的初期投资较大，但也只是整个世界网络费用的一小部分，并且运转费用极低。

信息传输的空中桥梁——卫星通信

根据克拉克的设想和理论，美国发射了第一颗人造地球卫星。1960年8月12日，在美国离地面1609千米的高空，出现了一个直径为30.5米全身闪闪发光的大气球。这是一颗人造卫星，被命名为"回声1号"。原来，这是贝尔实验室与美国宇航局制造与发射的一个表面涂有一层铝箔的大型

塑料气球。这个塑料气球是一个人造无源通信卫星，它是作为通信信号的被动反射器及中继站，专门用来反射无线电波的。它是世界上第一颗专门用于通信的人造卫星。气球表面涂覆的铝箔使得卫星的反射系数高达90％。美、英、法三国利用这个气球，成功地进行了越洋无线电话和传真实验。这是第一颗无源卫星，还存在种种不足：卫星反射回地面的无线电波很微弱，要接收这样微弱的无线电波，要求地面接收站设有高灵敏度的接收机，或者要求发射站设有大功率发射机。为了加强从卫星上反射回地面的无线电波，人们就把卫星做成有源的，像地面上的微波中继站一样，卫星接收到地面发射来的无线电波后，进行放大，然后发向地面。

◆"回声1号"通信卫星

◆卫星地面接收站

卫星通信系统的组成

◆家用卫星通信装置

卫星通信其实质还是微波通信，它是微波中继通信的发展和延伸，它只是将原在地球上的中继站放置在太空。但事情也不是那么简单，如果直接将微波中继站装入卫星，发射升空是不能正常工作的。原因有以下几点：首先，微波中继站需要电源保障，在空中电源的获得不同于地面；第二，原中继站固定在地球上是稳定的，即使地球运转，但它与地面的相对位置固定不变，而卫星在空中会因各种因素的影响而发生抖动、自转

◆通信卫星的天线

等，地面的天线如何对准它呢？目前的实用同步卫星系统组成主要是由空间分系统、通信地球站、跟踪遥测及指令分系统和监控管理分系统四部分组成。有了这些系统，我们就可以坐在家里观看卫星电视直播了。

卫星电视直播

◆"辛康3号"通信卫星

◆接收"辛康3号"通信卫星的地面天线

关于卫星电视直播，这里还要讲一个小故事。

1963年11月22日，美国总统肯尼迪乘坐林肯牌豪华敞篷汽车沿达拉斯市街道缓缓而行，不料在埃尔姆街拐弯处被人开枪击中，半小时后在医院不治身亡。值得称奇的是，在万里之外的日本，当时居然也有人听到一声枪响，就立刻见到肯尼迪应声倒下。日本人难道是真的看见了远在美国发生的事情？其实是当时美国发射的辛康试验卫星正在试播卫星电视，从而使日本人看到了那一场景。从此卫星电视飞速发展，到了1964年10月10日，人们可以惊喜地看到奥运会开幕式上那异彩纷呈的直播场面了。当时的人们无不为这个奇迹兴奋无比。这都是卫星直播的功劳。人类从此有了一个新型的卫星通信中继站，

日新月异的变化——现代通信篇

一个悬挂于天上的中继站——通信卫星"辛康3号"。

我国的卫星通信

　　我国的卫星通信事业起步较晚，但发展飞速。1984年，我国自第一颗试验通信卫星成功发射，自那以后，陆续已经研制并成功发射了10多颗通信卫星，其中为人们熟知的有东方红系列："东方红2号"、"东方红2号"甲、"东方红3号"等，都具有极高的商业价值，使得我国在卫星通信领域从无到有，实现了通信的飞速发展。

　　经过多年的研究、探索和攻关，我国在通信卫星制造技术方面已经积累了较丰富的经验，优化了的技术成熟的"东方红3号"公用卫星平台，研制了"东方红4号"新一代大型公用卫星平台，具备了研制与国际水平相当的通信卫星的实力。特别是经过了改革开放以来的努力，我国卫星通信事业得到迅速的发展，新技术、新

◆ "东方红2号"通信卫星

的地球站大量涌现，我国的国际卫星通信线路由初期的几十条发展到了上万条双向话路，约占我国国际和港澳线路的1/3。

展望——卫星通信的明天

　　可能有一天你会收到一封来自火星的电子邮件，或者通过多媒体聆听天籁之音，目睹宇宙万物。

　　火星探测是近期人类空间探索最重要的内容之一，但在整个计划中，通信问题一直是火星探测工作的瓶颈，这是因为对火星频繁的探测需要建立一套有效的

星际通信系统。实际上星际通信可以认为是卫星通信的延伸和发展，且都属于宇宙通信。卫星通信是宇宙无线通信形式之一，而宇宙通信是指以宇宙飞行体为对象的无线电通信。宇宙通信共有三种形式：宇宙站与地球之间的通信、宇宙站间的通信、通过宇宙站转发或发射而进行的地球间的通信。

卫星通信属于宇宙无线电通信的第三种形式，由此看来，卫星通信的发展真是前景光明。

随心所欲
——移动通信

随着人类科学技术的不断发展，通信技术突飞猛进。点到点的通信，连线成网，速度快，容量大，覆盖了人类社会的方方面面。然而这样复杂而完备的通信网，主要是有线通信。对于位置固定的用户，比如一座建筑，或者一个野外固定工作站，有线线路的建设是足够方便了，但是，假如是一个正在移动的车辆或船只如何进行通信呢？这就是我们所说的移动通信。

初期的移动通信
——收放电话线

在反映我国解放战争后期的一些电影里，我们总可以看到这样的情景：不管总指挥部转移到哪里，哪里就有电话与前沿阵地的营连级指挥部相连，这实际是通信兵的功劳。部队

◆移动通讯信号塔

◆第二次世界大战时德国士兵使用的通信设备

◆架线作业的通信兵

每推进到一处，通信兵就背着一大捆电话线，手提一部电话机，跟着指挥部一路跑，边跑边放线。这种通信方式也是移动的，但这种通信方式还是属于有线通信，只不过有线通信的某个终端随时移动而已。它的好处在于：基本保持有线通信网，只需要增加可移动的终端机和无限长的线路。而目前的通信都是无线的，汽车奔驰在道路上不可能拖拽这一根电话线穿街走巷，因此，解决汽车与外界的联系只能采取"无线"通信。

巡逻兵与据点的结合——无绳电话

要谈无线通信，首先来说说家里的无绳电话。电话的发展在中国可谓迅猛。在 20 世纪 80 年代，一般老百姓家里很少有电话，即使有也是一家一部电话。到了 90 年代中期，人民生活水平提高，几乎家家有电话，而且随着人民生活水平的不断提高，一家人有好几个房间，一部电话不够用了，于是设了几

◆无绳电话

个分机，这些分机虽然都是电话机，但其实都是连在同一个终端上的，只不过利用线路分置在不同的地方罢了。已经如此方便了，但人们还想更便捷。

对通信的新需求总是越来越高。每个房间都有了固定电话，还是觉得不方便。因为听筒和座机之间有电线连着，人们就不能一边自由地在房间内活动一边打电话。这就有了无绳电话的需求。无绳电话，实际就是话筒和座机上分别装有无线电接收机和发射机。当用户拿起话筒的时候，话筒上的无线电接收机和座机之间的无线电发射机就开始工作。这样，用户就可以在小范围实现"无线通信"了。

知识库——移动电话是如何工作的？

从本质上说，无绳电话并不算独立的移动电话。因为在室内通信时，无绳电话的手机只是相当于座机的延伸；而在室外使用的时候，虽然可以通过户外基站对外拨打电话，却不能接收外界打来的电话。再加上户外基站的有效范围只有数百米，自然这一类的系统无法满足人类日常生产生活的需要。

真正的移动电话不是作为座机的延伸和附属，而是具有独立的通信主呼/被呼功能，并且能在较大范围内使用。那么我们来设想一下这种移动电话的构造。

为了实现无线电通信，必须建立一个大的基站。它具有较大的发射功率，可以覆盖一个比较大的地区。基站与移动台之间的联系靠天线收发无线电波。在建立移动通信网的时候要慎重地考虑基站的分布，以满足移动台的需要。基站分布确定以后，就覆盖了一定用户的活动区域，在地图上呈现一个网状结构。在这个范围内的每一台移动电话都通过无线电与基站联系。为了防止各个移动电话与基站的通信互相干扰，我们必须使它们具有不同的信道。但是一个基站范围内移动电话数量很多，而信道是有限的，要给每一台移动电话都分配一个专用信道是不可能的。因此一般而言，在一个基站的所有信道中，会有一条被用于传送控制信息，而其余的若干条则被用来传送语音信息，称为语音信道。所有移动电话始终都通过控制信道与中心保持联系，而当某一台移动电话需要通信时，系统就分配一条语音信道给它。当通信结束时，这条信道便重新闲置，可以被其他移动电话使用。

什么是完美的移动通信?

◆互联网传递信息

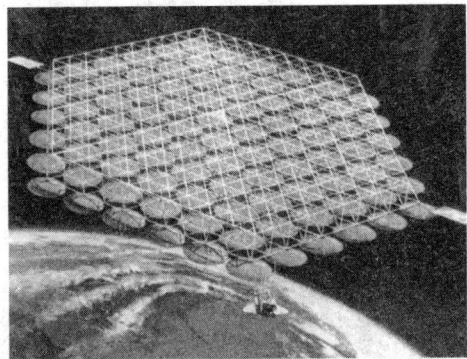

◆"城市蜂窝网"的技术模型

人们对移动通信越来越渴望，要求也越来越高。人们都希望在世界的任何地方都能立即与世界上任何地方的任何人通信。移动通信在 20 世纪 80 年代后期得到迅猛发展。这种通信需要无线通信设备与有线通信网络互联，为了使人口稀少地区和海上及国际间能进行寻呼，甚至还要与卫星通信系统互联。

移动通信的另一个核心技术就是如何定位。必须知道数亿个用户的所在位置以及他们是否开机，是否还有足够的通信费用。这就需要一部手机开机后能够自动与该手机所属地的移动通信网络建立联系，通信就建立在这种联系之上。

目前，移动通信主要运用这样几种网络形式：首先是城市蜂窝网。现在的网络用的是第二代移动通信网，即将进化为第三代；其次便是无线局域网。完美的移动通信应该达到以下这些功能：随身携带的手机或笔记本电脑，不论何时何地，都可以方便地经过网络实现与远方朋友的联通，互相通话或实现可视通信、数据通信，甚至多媒体通信。

移动通信的发展历程

还记得"大哥大"吗？那个砖头似的东西就是第一代移动通信的个人

终端——模拟手机。它是第一代移动通信（1G）的标志性产物。

目前我国大规模应用的是第二代的数字蜂窝移动通信系统 GSM，它是一种数字移动通信，较之以往的模拟移动通信有较多的优点。

第三代移动通信简称 3G。它能够把可视电话、上网、看电影等功能融为一体，是一种具有战略意义的通信技术，被国际电信组织认为是第三代移动通信系统，它是个人移动通信的未来。

广角镜——3G 系统的主要特点和优势

1. 3G 系统是全球普及和全球无缝漫游系统，实现了真正的全球通。

2. 具有支持多媒体业务的能力，特别支持 Internet/IP 业务。

3. 便于过渡和演进，向下兼容 2G。

4. 高频谱效率，在同样的频率资源下提供更多更快的服务。

5. 高服务质量。

6. 高保密性，安全性比 2G 更强。

◆3G 手机

7. 低成本，包括网络建设和用户使用成本。

神行千里——光纤通信

随着社会的发展，人类的科学技术越来越进步，物质力量越来越大，人类需要传递的信息也越来越多了。20世纪90年代国际互联网向全世界公众开放，通信网的数据业务量出现爆炸性增长的趋势，电通信面临着巨大危机。英籍物理学家高锟发明的光纤导线解决了电通信量呈爆炸性增长趋势的巨大危机。

◆光纤

光纤通信的曙光——激光的出现

光是电磁波的一种，那么光为什么不能用做载波携带信息传播呢？其原因是普通光不是单色光。一般的白光是七色光，太阳光通过三棱镜可以

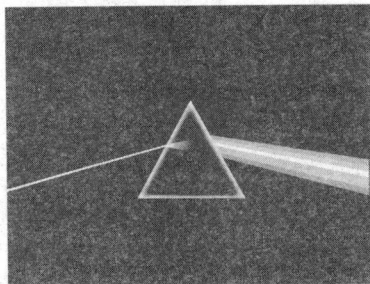

◆白光的色散

◆手电筒前端凹形聚光

将光色散为七种颜色，而作为信息载体，不但要求单一而稳定的光，而且发散度极小。一束普通的光如果没有聚光装置，它是向四面八方发散的。如手电筒，在光源处装上了凹面镜，才能把光汇集起来往一个方向传播。而聚光灯正是具有这样的特性，它发散度极小，可以视做平行光。

此外，激光通常是一种单色光，而且光的纯度高，具有稳定及闪光时间极短的特点。

◆激光的直线传播性好

激光的这些特点正适合作信息的载体，人们便尝试在激光上加载信息，实现激光通信。然而激光和前面提到的微波一样，只能直线传播而不能绕过障碍物。微波通信是通过卫星或地面通信站作为中转站，这次激光作为载体的通信人们选择用有线方式——光导纤维传输。

现代通信的救世主——光纤诞生

前面说到光线是直线传播的，如果像电流导线那样用类似的光导线，那怎样才能保证有一条笔直的光通道呢？即使能生产这种导线，在实际使用时也不现实。其实光是可以拐弯的。因为光是可以反射的，而且如果满足某种条件就可以

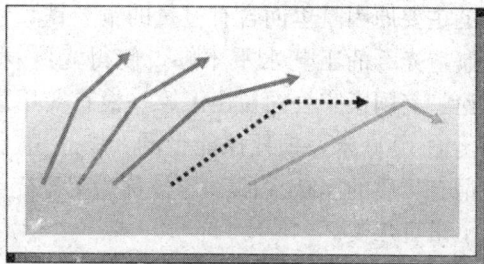

◆不断增加入射角，最终产生全反射

全反射，这一点我们在初中物理中就学过。当光从水（或玻璃）中射到空气中时，在两者的交界面上，一部分光会发生折射，而另一部分光则会发生反射。其中反射角等于入射角，而折射角大于入射角。当入射角较大

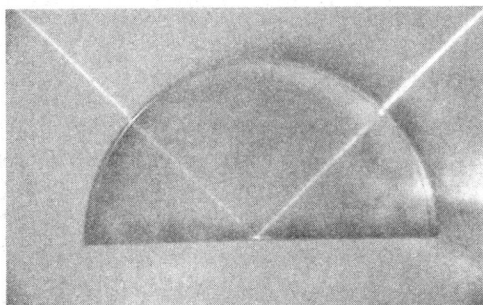

◆玻璃砖对光的全反射

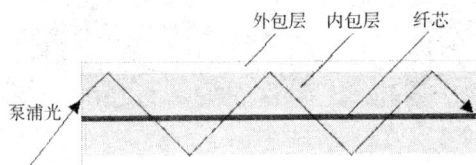

外包层　内包层　纤芯
泵浦光
◆泵浦光在双包层光线中的传播示意图

时，在交界面上，全部入射光都将反射回水（玻璃）中，这叫全反射。

人们开始尝试做满足全反射条件的"光导线"，使得入射的光波信号在里面通过不断全反射，最终传送到信号的接收端。但这种光的传播方式从理论变成实践是困难的。

1950年，用玻璃制成的光导线——光纤研制出来了，光确实可以在里面传播，然而，光的衰减非常厉害，光信号在光纤里面每传输1000米左右，信号能量几乎全部损耗掉大概只剩百亿分之一。假设把太阳投射到地球上的光全部汇集起来，将达到难以想象的亮度。可是，如果将这束亮光送入1950年研制的玻璃光纤中传输，那么仅仅传输160米后，从光纤另一头出来的光线亮度还比不上卫生间的一只灯泡！看来，要实现光纤通信，还得提高光纤的传输质量。

英籍华人物理学家高锟经过长期的研究发现，玻璃光纤对光信号损耗的主要原因是里面含有过量的铜、铁、锰等金属粒子和其他杂质，其次是制造光纤的工艺水平不够，使得光纤材料和形状不均匀。按照高锟的理论，美国康宁公司拉出了第一根有实用意义的光纤。光波信号在光纤中每传输1000米，损耗掉能量的99％。这个损耗当然也不小，但比起之前可谓有了质的飞跃。1970年被称为揭开光纤通信序幕的一年。高锟因此获得了诺贝尔奖。

名人介绍——光纤之父高锟

高锟，华裔物理学家，生于中国上海，祖籍江苏金山（今上海市金山区），

拥有英国和美国双重国籍，并持中国香港居民身份，目前在香港和美国加州山景城两地居住。高锟为光纤通讯、电机工程专家，媒体誉之为"光纤之父"。高锟曾任香港中文大学校长。2009年，高锟与威拉德·博伊尔和乔治·埃尔伍德·史密斯共享诺贝尔物理学奖。

由于高锟的杰出贡献，1996年，中国科学院紫金山天文台将一颗于1981年12月3日发现的国际编号为"3463"的小行星命名为"高锟星"。

1996年11月7日，香港中文大学将科学馆北座命名为"高锟楼"，并设立了"高锟基金"，以发展学术研究，促进国际联系及学生活动。

2010年3月1日，高锟出席由香港特区政府在香港科技园举行的"高锟会议中心"命名仪式。这个会议中心的命名是为了表彰高锟在光纤科技研究领域的卓越成就。

光纤的组成与优点

光纤一般由内外两层组成，里面的一层称为内芯，直径一般为几十微米或几微米，比一根头发丝还要细；外面一层称为包层。为了保护光纤，包层外还往往裹覆一层塑料。

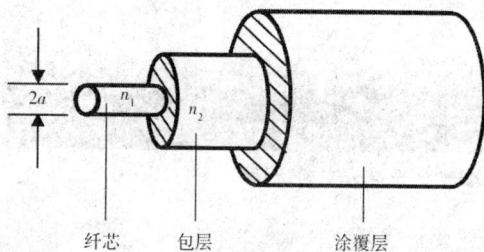
◆光纤结构

由于光纤内芯的折射率通常大大高于包层，光在内芯通行无阻，而由于包层光的反射作用，能使光束集中，因此光纤无论怎样弯曲，在其中通过的光线所受到的影响都非常小。

正是基于上面谈到的特点，同电缆通信相比较，光纤通信

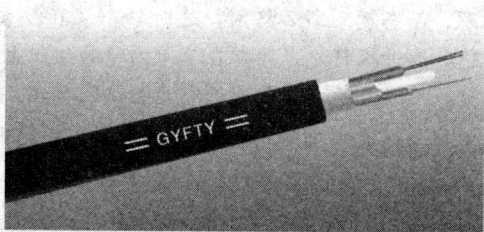
◆光缆实物图

有许多显著的优点：传输的信息量大，传送距离远，体积小、重量轻，绝缘性能好，机械强度高，保密性强，成本低。它不受无线电频率的干扰，可以在同一条通路上进行双向传输。光纤的最大特点是传输信息的容量非常大。按理论推算，一根光纤在一秒钟内能够传输 2.5×10^{12} 比特的信息，

通信王国的变迁

美国国会图书馆所藏书刊拥有的信息量超过 500×10^{12} 比特，如果按 500×10^{12} 比特来计算，这座世界著名的图书馆的全部信息，用一根光纤只要花200秒钟的时间能全部传送完毕。但实际上光纤通信容量通常受到终端机速率的限制，远远达不到理论的数字。

科技博览——光纤通信的广泛应用

◆光纤光谱天文望远镜

光纤的应用有着无限广阔的前景，让我们看一看，人们实际上已经怎样在使用光纤，光纤的应用远不止我们上面所提到的。

在位于美国科罗拉多州的北美防空指挥中心，光缆连接着许多计算机，正在处理来自全球的许许多多雷达站的数据。使用光缆可以不受核辐射影响和外界的干扰，适用于战地电话通信系统；在飞机、潜艇或船舰里，也用来传送控制指令或监测信号。

医生把一根很细的软管放在病人的喉咙里，病人把它慢慢地咽下去，神志清醒，而态度又那么悠闲，这时候，装在软管中的一束光纤，已经顺利地进入食道，通过探针，光照射在食道内壁的组织上，医生就通过这条特殊的光路，窥视这条咽喉要道，仔细地检查癌组织的存在。尽管这些癌组织非常细小，有时只呈现出可疑色彩的斑点，这些仅用 X 光是不能发现的，而使用光纤却有可能检查出来。

另外，有一种用几百万根光纤制作的玻璃板，能够将微弱的星光增强几十万倍，可以用做夜间观察的望远镜。夜晚，救火队的直升机驾驶员戴上这种供夜间观察用的薄玻璃板眼镜，在夜空中巡视，有效地监察着可能发生的火警。

计算机和通信技术相结合
——数据通信

随着通信技术的发展，人们坐在家里也可以进行股票交易，只要有一台联网的计算机；人们也可以在任何地方查阅国家图书馆里的数字资料，只要有一台便携的联网笔记本电脑。这一切的一切，皆来源于数据通信的发展，使得这些变成现实。

◆中国国家图书馆

数据通信的问世

20 世纪 50 年代末期，因为电子计算机的高速发展，通信技术和计算机技术结合，一种新的通信方式产生了——这就是数据通信。

所谓数据通信就是把数据的处理和传输合为一体，以实现数字形式信息的接收、存储、处理和传输，并对信息流加以控制、核验和管理的一种通信

◆我国第一台亿次计算机"银河号"计算机

形式。数据通信系统是由数据站和数据传输线路两部分构成。数据站由数据终端设备、数据电路终接设备和中间设备构成。数据传输线路是传输数据信息的传输媒介，它连同两端的数据电路终接设备构成了双向的数据传输通路，称为数据电路。

◆曙光 5000 超级计算机

数据通信的应用

◆深圳证券交易所

◆国家数字图书馆

数据通信首先应用在各级政府机关、财政金融、交通运输、商业、国家安全等部门，这些部门要实现高效率管理，数据通信是一种非常重要的工具。

数据通信在股市交易中也大显身手。股票行情是瞬息万变的，通过电话了解行情或委托交易速度太慢，如果利用数据通信终端进行直接交易，即可瞬间完成操作。沈阳市自1990年来建立了证券自动报价中心。这个中心与京、沪、津、宁、渝等地的三十几个证券公司的计算机联网，电脑终端的荧光屏上不断闪现出全国各地各种证券的即时交易行情。

数据通信的发展也使得图书馆迈入新时代。通过数据通信网，日本东京的学术情报中心把全国各大学、研究机构共186个单位的图书馆联系在一起，身处这个网络的读者都可以通过计算机享有网中任何单位的图书、期刊所拥有的信息。

数据通信还可以用以建立高效的高速公路系统。美国佛

◆美国高速公路

罗里达州正试验利用数据通信建立电脑化的高速公路系统，以缓减交通堵塞，改善城市的交通状况。

数据通信之电子信箱

数据通信中大家最熟悉的莫过于电子信箱了，现在就是一个小学生也会有一个电子信箱，同学之间经常互发电子邮件交流。那么这样一个已经成为大家日常通信工具的系统是怎样工作的呢？

总的来说，电子信箱是通过利用一台专用大型计算机，采用存储转发的方式，为用户迅速有效地提供信息的存储、交换和处理方面的服务。

用户只要有一台计算机，通过网络在一些提供电子信箱的网站注册后，将得到一个属于你自己的电子邮箱。根据用户名和密码，只要在一台接通了互联网的电脑上，在任何时间、任何地点在输入口令或密码后，通过通信线路进入电子信箱系统就可以取出或发出电子"信件"。

它使世界成了地球村
——信息高速公路

NII（National Information Infra-structure）国家信息基础设施，通常称为信息高速公路。不论是发展中国家还是发达国家，现在都致力于信息高速公路的建设，除了努力向人民提供基本的电话服务外，还把政府、商业和个人使用的计算机通信系统联系起来，用这样庞大的现代化的通信系统来促进本国经济的增长，并用这种系统来管理经济，以进一步提高人民生活的质量和整个社会的文化水平。

信息高速公路的由来和背景

◆信息高速公路

◆阿尔·戈尔提出美国信息高速公路法案

早在 1992 年，戈尔作为克林顿挑选的副总统候选人时，在经济施政纲领中就已提出建设信息高速公路的设想。该设想把原有的用光纤连接超级计算机的概念扩大到连接至每家每户，深入到社会生活的几乎每个角落。21 世纪什么最有价

值，那就是信息，如果能够建设一条沟通全国的信息高速公路，加速信息的交流，必将使经济再次繁荣。

什么是信息高速公路？

这里所指的高速公路不是汽车的通行道，而是指由光纤、卫星与微波通信组成的高速信息传输通道，它能够把全世界连接起来，成为一个贯通全球的大型数据化信息网络。NII 在美国政府报告中的明确定义是：国家信息基础设施是一个由"通信网，数据库计算机以及日用电子产品组成的完备网络"。通信网、信息源、终端设备和人是其中的四大要素。NII 中的通信网平台必须做到无缝连接，即：统一标准、互相开放、互联互通、互相操作。

拓展思考

为什么需要信息高速公路？

目前全世界已拥有近 8 亿台个人电脑，每年还要新增几千万台。我国政府机关、工矿企业及家庭的电脑数量近几年来也成倍增加。计算机技术的日益成熟，使它不仅能处理单一的字符数据，而且可以进行声音、图像等各种复杂信息的处理，并可具有电话、传真、电视等多种家用电器的功能。这就需要有一种通信线路，使各种类型的信息能迅速及时地传给电脑用户，电脑用户也可以通过这个线路把各种信息发出去。能出色地完成这个通信任务的非信息高速公路莫属。

信息高速公路的作用

信息高速公路究竟有什么样的作用呢？

信息共享是其中一个很大用途。信息高速公路能将机关、工厂、学校、银行、商店、医院，甚至每家每户都联系起来，通过多媒体技术，进行文字、声音、图像的传输和交流，做到信息共享。与信息高速公路相连的每个用户都有一种天涯若比邻的感觉。

通信王国的变迁

◆网上银行转账测试

◆IPTV 让你随时回看精彩电视

◆电子商务——淘宝网购物

信息高速公路将成为一个立体的、多层次的全球性的高速信息网络，它通过由几十个卫星组成的高速通道，将东半球与西半球，不同国家、不同肤色的人们联系起来，它消除了时空的隔阂，使全世界的人们加深了解、增进友谊。

信息高速公路建成后，人们坐在家中通过电脑就可以浏览世界各地的报纸和杂志，也可以查看各地图书馆的图书和音像资料；电子商务的发展可以使你不用去商店就可以清楚地了解和挑选各种货物。当你选中满意的商品后，无需出门，无需取钱，只需按一下键盘，商店就会送货上门，所支付的钱款也通过电脑在你的银行账号上扣除。

因此，信息高速公路的开通，将使世界的经济贸易方式发生革命性的变化。国与国之间的贸易使用电子数据交换技术来代替传统的纸制单据，实现"无纸贸易"，提高工作效率，而且省去印刷、分发及保管等多道环节，使成本降低。

最近建成的计算机远程会诊系统把美国、中国、日本、新加坡等几十家医院连接在一起，各国高明的医生不出门就可以在一起会诊疑难杂症。在 1995 年底，北京的 514 医院

◆目前中国最大的电子商务网站——
阿里巴巴

◆2008 汶川灾区远程医疗会诊

就通过这个国际医疗网络成功地为一个妇女进行了国际会诊。而信息高速公路一旦开通，可以把世界上更多的医疗机构联系起来，共同为人类的健康服务。

信息高速公路建设中的技术问题

1. 信息设备（Information Appliances）。信息设备就是提供信息并允许人们通过网络进行通讯的设备，如电话、电视机、传真机、个人计算机，以及将来可能产生的多媒体设备等。

2. 信息资源（Information Resources）。信息资源是指许多用户通过信息网进行电子存储并能使用的所有信息，如：广播、光缆电视节目、有线资源及用户与商业数据库。

3. 通信网络（Communication Networks）。通信网络包括本地网络和远距离的电信网络（话务、视频、数据、图像）。其他如：广播电视和无线电网络、电缆电视网络、卫星和无线网络以及计算机网络系统（如 Internet）。

4. 人的资源（Human Resources）。人是 NII 最重要的一部分。由人来创建和使用信息资源，通过使用来发展应用，通过应用进一步发展信息技术。

讲解——NII 技术的特点

1. 信息高速公路并不是一项从无到有的全新建设工程，而是大部分已存在于已有的光缆、同轴电缆、无线电波、卫星和普通电话线路的组成之中。首要的工程是将这些已有的网络系统组织到一起，并提供新的设备和新的软件。

2. 光纤远距离网络传输宽带信息是信息高速公路的技术基础。如一对细玻璃纤维可容纳 53000 个电话传输，而光缆系统可容纳 1000000 个电话传输，也可容纳交互视频。

3. 电缆电话的改造（交互式的改造）。

4. "最后一英里"问题（The last mile problem）。光缆线路装到节点，再由节点连接到用户。

5. 宽带信号的压缩技术。

6. ADSL（非对称数字用户线路），用于"最后一英里"。

电子产品当家

——现代通信工具篇

随着通信技术的发展，通信工具也越来越先进，越来越发达。小至一部手机，大到天上的卫星，无不蕴涵着高科技。如今的 3G 手机，你可以视频电话、手机上网、播放影视，真是无所不能。当你驾车去外地旅游，如果路不熟，还有 GPS 导航仪帮助你防止迷路。开车接电话有安全隐患，可电话又非常重要，蓝牙耳机可以帮你忙。本篇我们就来了解一下各种各样的通信工具。

最普遍的通信工具——电话

随着通信技术的发展与人们生活水平的提高，电话已经成为人们生活的必需品。那么电话发明于何时、由何人发明的呢？电话的基本结构是怎样的呢，它的基本工作原理又是什么呢？现在的电话又有哪些新功能呢？

◆早期的手摇电话

电话名称的由来

◆转盘拨号电话

"德律风"，这是中国最早对电话的称呼，它是英语"telephone"的音译，后来才改名叫"电话"。"电话"是日本人造的汉语名称词，用来意译英文的 telephone。在一段时期内，"电话"和"德律风"两种叫法通用，直到后来，"德律风"这种叫法比较拗口，最终大家统一称为"电话"，并一直沿用到现在。

电话的发明

◆电话机中的送话器

每当提到电话的发明，人们总会想到贝尔。这是因为贝尔进行了大量研究，在精密仪器上分析声音的振动，探索语音的组成。通过贝尔的努力，声音可以通过线路传递。1876年，在贝尔30岁生日前夕，通过电线传输声音的设想意外地得到了专利认证。贝尔对他的设计进行了进一步的完善，1876年3月10日，贝尔的电话宣告了人类历史新时代的到来。

名人介绍——不应忘记的电话人

　　关于电话的发明我们还应该想到另一个默默无闻的意大利人，1845年移居美国的安东尼奥·梅乌奇。梅乌奇痴迷于电学研究，他在不经意间发现电波可以传输声音。1850年至1862年，梅乌奇制作了几种不同形式的声音传送仪器，称做"远距离传话筒"。1874年，梅乌奇寄了几个"远距离传话筒"给美国西联电报公司，希望能将这项发明卖给他们。但是，他并没有得到答复。当请求归还原件时，他被告知这些机器不翼而飞了！两年之后，贝尔的发明面世，并与西联电报公司签订了巨额合同。梅乌奇为此提起诉讼，最高法院也同意审理这个案件。但是，1889年梅乌奇过世，诉讼也不了了之了。直到2002年6月15日，美国议会通过议案，认定安东尼奥·梅乌奇为电话的发明者。如今在梅乌奇的出生地佛罗伦萨有一块纪念碑，上面写着"这里安息着电话的发明者——安东尼奥·梅乌奇"。

电话的工作原理

电话通信是通过声能与电能相互转换，并利用"电"这个媒介来传输语言的一种通信技术。两个用户要进行通信，最简单的形式就是将两部电话机用一对线路连接起来。电话的工作原理主要有 4 个步骤：

1. 当发话者拿起电话机对着送话器讲话时，声带的振动激励空气振动，形成声波。

2. 声波作用于送话器上，使之产生电流，称为话音电流。

3. 话音电流沿着线路传送到对方电话机的受话器内。

4. 受话器把电流转化为声波，通过空气传至人的耳朵中。

这样，就完成了最简单的通话过程。

电话新功能

1. 热线电话

这里所说的热线电话不是通常广告里说的热线电话，是指事先约定好的一个电话号码。当你拿起电话，稍微等待一会儿，就会自动接通你事先设定的号码，不需要你拨号。如果给其他人打电话，可在拿起话筒听到拨号音的 5 秒钟之内按下一位号码，那么热线就被取消了；如果 5 秒钟内不拨号，那就为你接通"热线用户"。

◆火警电话标志

2. 缩位电话

缩位电话就是缩位拨号电话。所谓的"缩位拨号"，就是在手机或电话上设置一个"热键"，当你长按这个键时，电话就会拨出一个相应的事先设置好的号码。这样的设置是把位数较长的电话号码缩成 1 至 2 位代码，便于记忆，还可以减少拨打多位号码的麻烦，节省拨号时间。经常使用国

◆家中电话可以通过呼叫转移到手机上

际国内长途直拨的用户使用"缩位拨号"极其方便。

3. "呼叫转移"电话

"呼叫转移"功能可以使电话转接到机主所指定的某部电话上。特别适合你长时间在外出差，你可以在出差前启用"呼叫转移"功能，即在电话机上记录下你要去的那个地方的电话。如果有人向你家中打电话找你，"呼叫转移"功能会自动将这个电话转到你所预留的电话上。

4. 呼叫等待

打电话经常会遇到这样的情况，当你拨通对方的号码，听到的是嘟、嘟、嘟的忙音，表示对方正在使用电话。这种情况是打不进电话的，即使连续拨打也无济于事，只能望"机"兴叹了。有了"呼叫等待"功能，当你正在通话时，又有别的电话打进来，这时你的耳机中会传出另有电话打进来的提醒音，告诉你"客人"正在等待。是"领进来"还是"稍等"，你既可根据需要选择与谁对话，也可以二者兼顾，轮流与这两个人通话，这样就不会影响重要事务的处理了。

知识广播

遇忙回叫

打电话常常会遇到连拨多次都不能接通的情况，这样不但耽误了时间，而且还不得不放下手中的工作继续拨号。当你的电话有了"遇忙回叫"功能，你就再也不用为这事烦恼了。当电话传出嘟——嘟——嘟的忙音时，你只要拍一下叉簧，耳机中传出证实音后，你就可以挂上电话，尽管去平心静气地做你的工作。只要线路一有空，你的电话铃马上响起，告诉你可以与对方通话了。

电话家族新成员

电话机发明至今已有 100 多年了，电话机也在不断地更新换代。随着社会需求的增长和科学技术的发展，电话机大家族中又增添了几位新成员。

1. 录音电话

这种电话在铃响之后无人接听的情况下，会自动应答打进的电话，告诉对方这是录音电话，主人现在外出了，有事可留言。然后电话机自动启动录音装置，记录下对方的讲话。待主人回来之后，录音电话能将对方讲的话放出来。故人们称它为"电话秘书"。

◆3G 可视电话

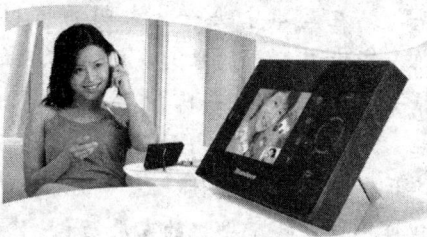

◆分体式可视电话

2. 可视电话

通常打电话是只闻其声，不见其人。不少人的声音区别不大，如不通报姓名，经常会分不清是谁打来的电话，以致张冠李戴。而可视电话既闻其声，又见其人，犹如促膝交谈。可视电话由电视机、显示器和摄像机等设备组成，电话的通信线路上既传送语音信号，又传送图像信号。可视电话除了使打电话的人有面对面的感觉之外，还给人们的生活工作带来许多方便。

3. 声控电话

顾名思义，声控电话是用声音来控制的电话，这种电话机能听懂主人的话语。打电话时，只要对着电话说出对方的姓名，电话机就能拨出相应的电话号码。这种电话机特别适合于行动不方便的人使用。

潇洒走天下——手机

在 20 世纪 80 年代后期和 90 年代初期，港台电影在大陆的传播让我们认识到一种移动通信设备——大哥大，随即在一些大城市的街头也可以看到一些成功人士拿着一块"黑砖头"站在马路中央哇哇大叫的情形，路人皆投以羡慕的眼光。如今这样的情景不复重现，一阵悦耳的铃声响起，人们从身边掏出盈盈一握的轻巧手机，与人亲切交谈。这一切从某种程度上也反映了手机的发展历程。

◆多功能便携式手机

第一代手机——大哥大（1G）

◆ "大哥大"并不便于携带

第一代手机进入中国是 1987 年，它的到来加速了人们的信息沟通和社会交往。第一代移动电话刚刚进入大陆的时候，有一个响亮的名字，叫"大哥大"。这个称呼主要是由我国的南方或港台传过来的。香港一些反黑影片里的黑社会老大一般称为"大哥大"或

"大姐大"，在当时手握一个"大哥大"确实有点独一无二的味道。所以"大哥大"这三个字所携带的信息是明确的，它代表身份、地位和财富。对于国内的人而言，这不仅因为它昂贵，也因为它展示高科技的神奇。手持"大哥大"的用户总是给人一种站在马路中央

◆摩托罗拉公司生产的大哥大

"哇哇"大叫着打电话的感觉，阵势十足。

内地"大哥大"的出现意味着中国步入了移动通信时代。1987年，广东为了与港澳实现移动通信接轨，率先建设了900兆赫模拟移动电话。摩托罗拉公司也在北京设立了办事处，推销移动电话。这种重量级的移动电话厚实笨重，状如黑色砖头，重量都在0.5公斤以上。它除了打电话没别的功能，而且通话质量不够清晰稳定，常常要喊。它的一块大电池充电后只能维持30分钟通话。虽然如此，大哥大还是非常紧俏，有钱难求。当年，大哥大市场价格在2万元左右，但一般要花2.5万元才可能买到，黑市售价曾高达5万元。这不仅让一般人望而却步，就是中小企业买得起的也不多。

第二代手机——目前最常见的手机（2G）

中国已经成为手机的最大用户国。目前在我国使用最多的手机是GSM手机和CDMA手机。这些都是第二代手机（2G），它们都是数字制式的，除了可以进行语音通信以外，还可以收发短信（短消息、SMS）、MMS（彩信、多媒体简讯）、WAP（无线应用协议）等。

手机外观上一般都包括至少一个液晶显示屏和一套按键（部分采用触摸屏的手机减少了按键）。部分手机除了典型的电话功能外，还包含了PDA、游戏机、MP3、照相、录音、摄像、定位等更多的功能，有向带有手机功能的Pocket PC发展的趋势。

第三代手机——3G 手机

◆索尼爱立信 3G 手机

3G，是英文 3rd Generation 的缩写，指第三代移动通信技术。相对第一代模拟制式手机（1G）和第二代 GSM、CDMA 等数字手机（2G），第三代手机一般是指将无线通信与国际互联网等多媒体通信结合的新一代移动通信系统。它能够处理图像、音乐、视频等多种媒体形式，提供包括网页浏览、电话会议、电子商务等多种信息服务。为了提供这些服务，无线网络必须能够支持不同的数据传输速度，也就是说在室内、室外和行车的环境中能够分别支持至少 2Mbps（兆比特/每秒）、384kbps（千比特/每秒）以及 144kbps（千比特/每秒）的传输速度。

手机术语大全

1. SIM 卡

SIM 卡也称为用户识别卡，是数字移动电话的一张资料卡，它记录着用户的身份识别及密钥，可供 GSM 系统对用户的身份进行鉴别以及对用户话音信息进行加密。SIM 卡能有效地防止被盗用、并机以及话音信息被窃听。SIM 卡有大小卡之分，功能完全相同，分别适用于不同类型

◆SIM 卡

的数字移动电话机上。手机只有装上 SIM 卡才能使用。SIM 卡可以插入任何一台同类型的手机，通话费用自动记入该持卡用户的账单上。

2. 漫游

漫游是移动电话用户常用的一个术语。指的是蜂窝移动电话的用户在离开本地区或本国时，仍可以在其他地区或国家继续使用他们的移动电话。

漫游功能只能在网络制式兼容且已经联网的国内城市间或已经签署双边漫游协议的地区或国家之间使用。实现漫游功能在技术上是相当复杂的。首先要记录用户所在位置，在运营公司之间还要有一套利润结算的办法。

◆支持 GSM/GPRS 的手机

3. GPRS

GPRS 是"通用分组无线业务"的英文缩写，它是在现有的 GSM 网络基础上叠加了一个新的网络，它充分利用了现有移动通信网的设备，在 GSM 网路上增加一些硬件设备和软件升级，形成一个新的网络逻辑实体。它以分组交换技术为基础，采用 IP 数

◆双卡双待手机结构

据网络协议，使现有 GSM 网的数据业务突破了最高传输速率为 9.6kbit/s（千比特/每秒）的限制，最高数据传输速率可达 170kbit/s（千比特/每秒）。这样高的数据传输速率，对于绝大多数移动用户来说，已经是绰绰有余。用户通过 GPRS 可以在移动状态下使用各种高速数据业务，包括收发电子邮件，网页浏览等 IP 业务。

4. 双卡双待

双卡双待是指一部手机可以同时装两张 SIM 卡，并且这两张卡均处于待机状态。市场上的双卡双待，一般指同一种网络制式的双卡双待，即 GSM 网络双卡双待、CDMA 网络双卡双待、PHS 网络双卡双待。我们现在使用的双卡双待主要指第一种情况，即 GSM 双卡双待。目前，市场上 CDMA 和 PHS 制式的双卡双待手机比较少。

卫星定位系统——GPS

GPS，全球卫星定位系统（Global Positioning System）是一种结合卫星及通信的技术，利用导航卫星进行测时和测距。美国从 20 世纪 70 年代开始研制全球卫星定位系统（简称 GPS），历时 20 余年，耗资 200 亿美元，于 1994 年全面建成。GPS 系统是具有海陆空全方位实时三维导航与定位能力的新一代卫星导航与定位系统。

◆全球卫星定位系统模型

GPS 的发展历程

◆伽利略卫星定位系统

GPS 系统的前身是 1958 年美国军方研制的一种子午仪卫星定位系统（Transit），该系统于 1964 年正式投入使用。该系统用 5 到 6 颗卫星组成的星网工作，每天最多绕过地球 13 圈。尽管在定位精度方面不尽如人意，但是子午仪系统使得研发部门对卫星定位取得了初步的经验，并验证了由卫星系统进行定位的可行性，为 GPS 系统的研制作了铺垫。卫星定位显示出在导航方面

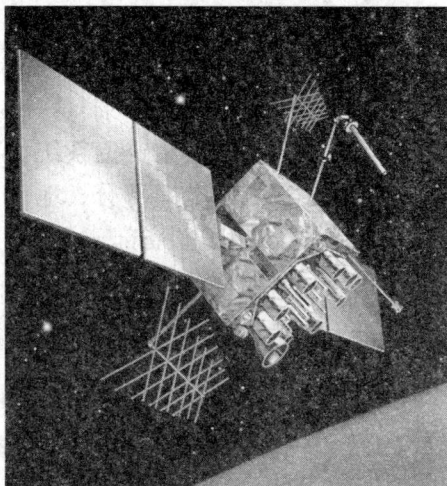

◆导航卫星

◆伽利略卫星

的巨大优越性，但是子午仪系统在潜艇和舰船导航方面仍然存在缺陷。美国海陆空三军及民用部门都感到迫切需要一种新的卫星导航系统。美国海军研究实验室提出了名为 Tinmation 的用 12 到 18 颗卫星组成 10000 千米高度的全球定位网计划，美国空军则提出了"621－B"的以每星群 4 到 5 颗卫星组成，共组成 3 至 4 个星群的计划。海军的计划主要用于为舰船提供低动态的二维定位，空军的计划能够提供高动态服务。1973 年美国国防部将二者合二为一，并由国防部牵头的卫星导航定位联合计划局（JPO）领导，将办事机构设立在洛杉矶的空军航天处。该机构成员众多，包括美国陆军、海军、海军陆战队、交通部、国防制图局、北约和澳大利亚的代表。

最初的 GPS 计划诞生了，该设计思路是将 24 颗卫星放置在互

成 120 度的三个轨道上。每个轨道上有 8 颗卫星，地球上任何一点均能观测到 6 至 9 颗卫星。粗码精度可达 100 米，精码精度为 10 米。当 1988 年进行了最后一次修改后，确定了现在 GPS 卫星所使用的工作方式：21 颗工作星和 3 颗备份卫星工作在互成 30 度的 6 条轨道上。

◆车载卫星导航系统

GPS 的组成部分

◆GPS 的空间卫星

◆GPS 的用户设备

GPS 全球卫星定位系统由三部分组成：空间部分、地面控制部分、用户设备部分。

1. 空间部分。GPS 的空间部分是由 24 颗工作卫星组成，它位于距地表 20200 千米的上空，均匀分布在 6 个轨道面上（每个轨道面 4 颗），轨道倾角为 55 度。

2. 地面控制部分。地面控制部分由一个主控站，5 个全球监测站和 3 个地面控制站组成。

3. 用户设备部分。用户设备部分即 GPS 信号接收机。其主要功能是能够捕获到按一定卫星截止角所选择的待测卫星，并跟踪这些卫星的运行。

广角镜——GPS 的功能特点

精确定时：广泛应用在天文台、通信系统基站、电视台中；
工程施工：道路、桥梁、隧道的施工中大量采用 GPS 设备进行工程测量；
勘探测绘：野外勘探及城区规划中都有用到；
武器导航：精确制导导弹、巡航导弹；

车辆导航：车辆调度、监控系统；

船舶导航：远洋导航、港口/内河引水；

飞机导航：航线导航、进场着陆控制；

星际导航：卫星轨道定位；

个人导航：个人旅游及野外探险；

定位：车辆防盗系统；手机、PDA、PPC 等通信移动设备防盗，电子地图、定位系统；儿童及特殊人群的防走失系统。

真迹传四方——传真机

◆现代传真机

　　某工程队在施工过程中发现设计图纸上有问题，无法按图纸继续施工，怎么办？别急，只要有一台传真机，片刻就能解决这个难题。传真机能通过电话线，把文件、图表、照片等转换成相应的信号传输到远方去，对方的传真机收到信号后立即可还原成与原件一模一样的复制件，几乎分毫不差。传真机为何有如此之大的本领呢？这还要从传真机的发明说起。

传真机的发展历程——钟摆的启示

　　传真技术比电话发明还要早30年，早在19世纪40年代就已经诞生，它是由一位名叫亚历山大·贝恩的英国发明家于1843年发明的。但是传真通信发展比较缓慢，直到20世纪20年代传真技术才逐渐成熟起来，直至60年代以后才得到了迅速发展。近十几年来，传真机已经成为广泛使用的通信工具之一，特别是在商务领域应用频繁。

　　传真技术的发明可以说是一种"无心栽柳柳成荫"的结果。最初它不是有意探索新的通信手段，而是从研究电钟派生出来的。

◆亚历山大·贝恩

1842 年，苏格兰人亚历山大·贝恩正在研究制作一种用电控制的钟摆结构，要求构成若干个钟互连起来同步的钟。贝恩在研制的过程中敏锐地注意到一种现象，就是这个时钟系统里的每一个钟的钟摆在任何瞬间都在同一个相对的位置上。这个现象使发明家想到，如果能利用主摆使它在行程中通过由电接触点组成的图形或字符，那么这个图形或字符就会同时在远距主摆的一个或几个地点复制出来。根据这个设想，他在钟摆上加上一个扫描针，起着电刷的作用；另外加一个时钟推动的一块"信息板"，板上有要传送的图形或字符，它们是电接触点组成的；在接收端"信息板"上铺上一张电敏纸，当指针在纸上扫描时，如果指针中有电流脉冲，纸面上就出现一个黑点。发送端的钟摆摆动时，指针触及信息板上的接点时就发出一个脉冲。信息板在时钟的驱动下，缓慢地向上移动，使指针一行一行地在信息板上扫描，把信息板上的图形变成电脉冲传送到接收端；接收端的信息板也在时钟的驱动下缓慢移动，这样就在电敏纸上留下图形，形成了与发送端一样的图形。这是一种原始的电化学记录方式的传真机。

◆1850 年亚历山大·贝恩使用的钟摆

◆亚历山大·贝恩制作的传真机原理图

传真机工作原理——高超的"仿真"家

◆数码照片也是由微小点子组成

如果我们把一张图片放在显微镜下观察的话，会发现这些图是由微小的点子组成的，点子稀的部分表现出来颜色淡，点子密的部分表现出来颜色深。其实平时用照相机拍摄的照片。也是由极微小的颗粒组成的，只是因为我们眼睛的分辨力有一定的限度，当这些点子或颗粒很小时，我们的眼睛分辨不出来，它们连成一片，我们就看到一幅完整连续的图像了。传真机就是利用这个原理"传真"的。

传真机所传的文字、图片等图像资料要通过有线电路进行传递，那么

◆传真就是把图像分割成许多小方格传送还原

首先要把图像资料转换成电信号。怎样把图像资料转换成电信号呢？

传真机本身其实并不理解它传输的图片或文字的意义，它只是先把图像分解成很小很小的单位。具体操作是：把图像整齐地划分成一个个相同大小的小方格，并根据方格中的色彩情况选择一种颜色并转换成规定的电信号，并按照小方格在图像上的排列顺序按一定方式组合起来，就成了代表原图像的电信号。也就是说，传真机最终传输的是电信号。接收方收到电信息后，就把这些电信号"翻译"过来，按原来的排列顺序组合起来并根据收到信号的不同填上不同的颜色，再用打印设备打印出来，这样就复制出与原件一样的传真件了。

进入寻常百姓家

平时寄出一封信是通过邮局邮寄的。信件寄出后，并不知道对方是否收到以及何时收到。而传真机却是即时的，这边把需要传输的文字或图片送入传真机，对方只要确认接收，几乎马上从对方的传真机里输出文字稿或图片。传真完成后，如对方接收成功，还会向发送方传回一个接收成功的信号，如果没有接收到这个信号那就是传输出错了。

现代传真机的功能也大大拓展了，除了能收发图文资料，还

◆现代传真机

具有复印功能。现代科学的发展把传真机与计算机技术结合起来，一份图像资料可以连续发送到多个地点，也可以定时发送。

当前传真机安装方便，通信费用低廉，它不仅在企业、事业单位中广泛使用，而且越来越多地步入家庭。利用传真机处理银行存取款、商品邮购等事务特别方便。如今美国的传真机用户已超过2000多万户。各种图片及新闻照片都可以用传真机传送。传真机已成为当代最重要的通信工具之

一。全部采用数字技术的第四代传真机，能在 3 秒钟之内把一面文稿或图表传送到世界的任何地方。图像传真和卫星通信相结合，可以使用户在使用公众图文传真系统时得到几乎是即写即收的邮件。随着传真机成本的降低，传真机大量进入寻常百姓家的日子已经不远了。

知识库——常见的传真机的种类

◆报纸传真机

◆气象传真机

照片传真机。照片传真机是一种用于传送包括黑和白在内全部光密度范围的连续色调图像，并用照相记录法复制出符合一定色调密度要求的副本的传真机。照片传真机主要适合于新闻、公安、部队、医疗等部门使用。

报纸传真机。报纸传真机是一种用扫描方式发送整版报纸清样，接收端利用照相记录方法复制出供制版印刷用的胶片的传真机。还有一种报纸传真机，称做用户报纸传真机，它装设在家庭或办公室内，通常用来接收广播电台或电视台广播的传真节目（整版报纸信息或气象预报等），直接在纸上记录显示。

气象传真机。气象传真机是一种传送气象云图和其他气象图表用的传真机，又称天气图传真机，用于气象、军事、航空、航海等部门传送和复制气象图等。气象传真机传送的幅面比一版报纸还要大，但对分辨率的要求不像对报纸传真机

那样高。气象传真有两种传输方式，利用短波（3～30 兆赫）的气象无线传真广播和利用有线或无线电路的点对点气象传输广播。气象传真广播为单向传输方

电子产品当家——现代通信工具篇 《《《《《《《《《《《《《《《《《《

式，大多数的气象传真机只用于接收。

文件传真机。文件传真机是一种以黑和白两种光密度级复制原稿的传真机，主要适用于远距离复制手写、打字或印刷的文件、图表，以及复制色调范围在黑和白两种界限之间具有有限层次的半色调图像，它广泛应用于办公、事务处理等领域。

换只眼睛看通信

——通信发展中的关切

　　通信技术发展了，通信工具先进了，但是人们又有了一丝担忧：家长担忧了，家里的孩子患上网瘾了；警察担忧了，电话诈骗屡屡发生；广大人民群众也担忧了，电磁辐射该怎么防护？本篇将着重讲述一些我们在日常通信生活中关切的事情，如成天骚扰我们的垃圾短信该如何处理？是否有办法减少电磁辐射对我们的伤害？如何来识别电话诈骗？等等。

电脑使用者的隐患——电脑辐射

网络时代让人们尽情领略到了数字技术带来了神奇，但也随之带来了一些健康隐忧。目前，电脑和网络对健康的影响已引起人们的高度关注。在日常工作过程中，很多人可能没有意识到经常使用的键盘有可能引发疾病。键盘是个"垃圾场"，里面有灰尘、头发、汗毛、眼睫毛等等。而对人体危害更厉害的是辐射。电脑辐射的危害已经被广大使用者认识到了。

◆电脑辐射

电脑辐射及其危害

◆防电脑辐射面罩

随着越来越多的人使用电脑，电脑辐射越来越受到人们的关注。电脑辐射主要就是指电磁辐射，是电脑在工作时产生和发出的电磁辐射（各种电磁射线和电磁波等）、声（噪音）、光（紫外线、红外线辐射以及可见光等）等多种辐射"污染"。这些电磁辐射通常以热效应、非热效应和刺激对机体产生生物作用。电脑辐射对人类产生危害主要是会直接扰乱人体的内分泌系统，从而使皮肤代谢不规律等。并且类

◆电脑辐射对胎儿有影响

似电脑这些用电器由于带电和磁性，会聚积一些灰尘，造成不洁的空气，从而影响到皮肤的质量和加剧皮肤的老化程度，它还会使皮肤变黑。

据英国一项研究证实，电脑显示器发出的低频辐射与磁场会导致 7～19 种病症，包括眼睛痒、颈背痛、短暂失去记忆、暴躁及抑郁等。电脑辐射对女性还易造成生殖机能及胚胎发育异常。根据对武汉市 200 多名银行系统从事电脑操作人员的调查，有 35％以上的女性出现痛经、经期延长等症状，少数妇女还发生早产或流产。世界卫生组织的研究指出，孕妇每周使用 20 小时以上电脑，其流产发生率增加 80％以上，并且还可能导致胎儿畸形。

其中感到眼睛痒、干燥和酸涩时，眼睛只是处于功能性损伤的阶段，但是如果这时还不注意保护眼睛，使眼睛继续长期处于干燥的状态，就会引起角膜上皮细胞的脱落，造成器质性的损伤，使症状进一步恶化，严重影响视力。

◆防辐射服

颈部肌肉、软组织长时间紧张或者损伤会造成"颈背综合征"，如果治疗不及时，颈背综合征会发展为颈椎病。

电脑辐射最强的是显示器的背面，其次为左右两侧，显示器的正面辐射反而最弱。

注意生活细节，点滴维护健康

如何正确使用电脑，听听专家的意见：

1. 避免长时间连续操作电脑，注意中间休息。要保持一个最适当的姿势，眼睛与屏幕的距离应在 40～50 厘米，使双眼平视或轻度向下注视荧光屏。

◆正确使用电脑的姿势

2. 室内要保持良好的工作环境，如舒适的温度、清洁的空气、合适的负离子浓度和臭氧浓度等。

3. 电脑室内光线要适宜，不可过亮或过暗，避免光线直接照射在荧光屏上而产生干扰光线。工作室要保持通风干爽。

4. 电脑的荧光屏上要使用滤色镜，以减轻视疲劳。最好使用玻璃或高质量的塑料滤光器。

◆清理积聚灰尘的键盘

5. 安装防护装置，削弱电磁辐射的强度。

6. 注意保持皮肤清洁。电脑荧光屏表面存在着大量静电，其集聚的灰尘可转射到脸部和手部皮肤裸露处，时间久了，易发生斑疹、色素沉着，严重者甚至会引起皮肤病变等。

7. 注意补充营养。多饮些茶，茶叶中的茶多酚等活性物质会有利于吸收与抵抗放射性物质。

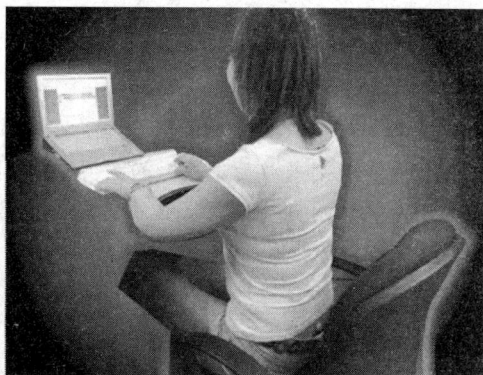

小资料——电磁辐射的危害

1998 年世界卫生组织列出电磁辐射对人体的五大影响：

1. 电磁辐射是心血管病、糖尿病、癌突变的主要诱因；
2. 电磁辐射对人体生殖系统、神经系统、免疫系统会造成伤害；
3. 电磁辐射是孕妇流产、不育、畸胎等病变的诱发因素；
4. 电磁辐射直接影响儿童的发育、骨骼发育，会导致视力下降、视网膜脱落、肝脏造血功能下降；
5. 电磁辐射可使生理功能下降，使女性内分泌紊乱、月经失调。

最有效防的电脑辐射方法

◆仙人掌科吸收电磁辐射

第一招：还对于生活紧张而忙碌的人群来说，抵御电脑辐射最简单的办法就是在每天上午喝 2～3 杯绿茶，吃一个橘子。如果不习惯喝绿茶，菊花茶同样也能起到抵抗电脑辐射和调节身体功能的作用。螺旋藻、沙棘油也具有抗辐射的作用。

第二招：上网前先做好护肤隔离，如使用珍珠膜，可以有效防止污染环境的侵害和辐射；其次使用电脑后，脸上会吸附不少电磁辐射的颗粒，要及时用清水洗脸，这样将使所受辐射减轻 70％以上！

第三招：操作电脑时最好在显示屏上安一块电脑专用滤色板以减轻辐射的危害，室内不要放置闲杂金属物品，以免形成电磁波的再次反射。使用电脑时，要调整好屏幕的亮度，一般来说，屏幕亮度越大，电磁辐射越强，反之电磁辐射越小。不过，也不能调得太暗，以免因亮度太小而影响效果，也易造成眼睛疲劳。

第四招：应尽可能购买新款的电脑，一般不要使用旧电脑，旧电脑的辐射一般较厉害，在同距离、同类机型的条件下，旧电脑的辐射一般是新电脑的1～2倍。

第五招：电脑摆放的位置很重要。尽量别让显示器的背面朝着有人的地方，因为电脑辐射最强的是显示器背面，其次为左右两侧，显示器的正面辐射反而最弱。人距显示器的距离以能看清楚字为准，至少也要 50 厘米到 75 厘米，这样可以减少电磁辐射的伤害。

◆多喝绿茶有助于防辐射

第六招：注意室内通风。科学研究证实，电脑的荧屏能产生一种叫溴化二苯并呋喃的致癌物质，所以，放置电脑的房间最好能安装换气扇，倘若没有换气扇，使用电脑时一定要注意通风。

◆使用电脑注意通风

第七招：注意酌情多吃一些胡萝卜、豆芽、西红柿、瘦肉、动物肝等富含维生素 A、C 和蛋白质的食物，经常喝些绿茶等等。

第八招：经常在电脑前工作的人常会觉得眼睛干涩疼痛，所以，在电脑桌上放几支香蕉很有必要，香蕉中的钾可帮助人体排出多余的盐分，让身体达到钾钠平衡，缓解眼睛的不适症状。

应互联网而生的病——网瘾

近期，我国公众对未成年人网络成瘾问题给予了很高关注。讨论认为，目前网络成瘾定义不确切，不应以此界定不当使用网络对人身体健康和社会功能的损害。那么，究竟如何定义网瘾？如何判断自己是否有了网瘾？产生网瘾的根本原因又是什么？有了网瘾还能戒吗？种种问题，希望你能在本文找到你所需要的答案。

◆漫画——网瘾

如何判断自己是否患了网瘾综合征？

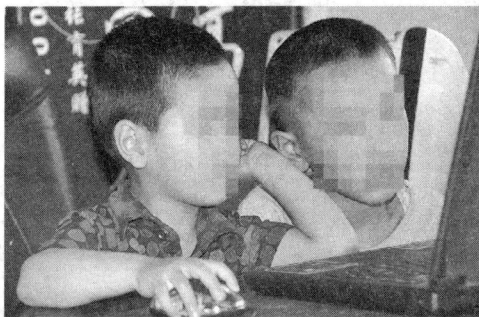

◆小孩也迷恋电脑

通常网瘾是指上网者由于长时间地和习惯性地沉浸在网络时空当中，并对互联网产生强烈的依赖，以至于达到了痴迷的程度而难以自我解脱的行为状态和心理状态。如何判断自己是否患了网瘾综合征呢？比照以下标准，便可自我诊断。

1. 每天起床后情绪低落，

头昏眼花，疲乏无力，食欲不振，或神不守舍，而一旦上网便精神抖擞，百"病"全消。

2. 上网时表现得神思敏捷，口若悬河，并感到格外开心；一旦离开网络便语言迟钝，情绪低落，怅然若失。

3. 只有不断增加上网时间才能感到满足，从而使得上网时间失控，经常比预定时间长。

4. 无法控制去上网的冲动。

5. 每看到一个新网址就会心跳加快或心律不齐。

6. 只要长时间不上网操作就手痒难耐。有时刚刚离网就又有想上网的冲动。

7. 不能上网时便感到烦躁不安或情绪低落。

8. 平常有不由自主地敲击键盘的动作，或身体有颤抖的现象。

◆网瘾症状之一——除了上网不愿和人交流

◆网瘾症状之二——整天泡在网上

9. 对家人或亲友隐瞒迷恋网络的程度。

10. 因迷恋网络而面临失学、失业或失去朋友的危险。

◆漫画网络上瘾征状

网络上瘾症状
·网络游戏成瘾
·网络色情成瘾
·网络关系成瘾
·网络信息成瘾
·网络交易成瘾

如果有以上标准中 4 项或 4 项以上表现，且持续时间已经达 1 年以上，那么就表明你已经患上了网瘾综合征。网瘾综合征完全是人为的，只要加强自我调节，便可防止此病发生。

知识库——列数产生网瘾的危害

1. 诱发说谎隐瞒上网的情况和程度等行为，偷钱或盗用别人账号上网等。

2. 造成青少年视力下降、生物钟紊乱、神经衰弱等生理特征。不能维持正常的睡眠周期，停止上网时出现失眠、头痛、注意力不集中、消化不良、恶心厌食、体重下降。

3. 会出现品行障碍，诱发孩子逃学、不与人交往、暴躁，产生攻击性等反常行为。一些人甚至会滑向犯罪的深渊。

4. 过去引发大学生心理问题的原因中，主要是学业压力、人际关系、感情问题等，沉迷网络是近年来出现的新现象，并且迅速上升为主因之一。一些学生终日沉迷于网络聊天、网络游戏，不但耽误学业，考试挂红灯、留级甚至退学，以至于荒废了他们的学业。

5. 导致青少年出现情绪障碍和社会适应困难。在心理方面，会出现注意力集中不能持久，记忆力减退，对其他活动缺乏兴趣，为人冷漠，缺乏时间感，情绪低落。

6. 网瘾综合征患者由于上网时间过长，大脑神经中枢持续处于高度兴奋状态，会引起肾上腺素水平异常增高，交感神经过度兴奋，血压升高，植物神经功能紊乱。此外，还会诱发心血管疾病、胃肠神经官能征、紧张性头痛等病症。

列举几个产生网瘾的诱因

1. 社会相关环境：包括网吧的出现、网络游戏的流行、同学之间的攀比、从众心理等。

网络已逐步走进我们的生活，不再是仅用于工作、学习、沟通交流，更多地用于娱乐。网络上充斥着大量的网络游戏、色情电影和网络聊天等，它可以最大限度地满足青少年的心理需求。而青少年往往意志力薄弱，但又善于群体活动，相互之间在一起就会模仿、攀比，所以青少年网瘾与社会环境有着密切的关系。

2. 家庭教育：包括家庭环境及教育方式等。

一些家长总是说自己忙，没有时间管教孩子，任由自己的孩子在家里

上网或是去网吧上网，对孩子放任自流，图个清静。这也大大增加了孩子患上网瘾的几率，一旦患上网瘾，戒除它将是一个艰苦的过程。

3.满足感缺失：包括学业失败、孤独感、人际障碍等。

很多患上网瘾的青少年往往学业也是不理想的，其中原因之一是因为过多地沉溺于网络耽误了学业，但也有不少青少年是因为学业失败，从而导致心理空虚，缺乏自信，当长时间孤独后，为满足自己的内心，会在网络的虚拟世界中重新找到失去的自我和可以满足的成就感，例如说在游戏里。

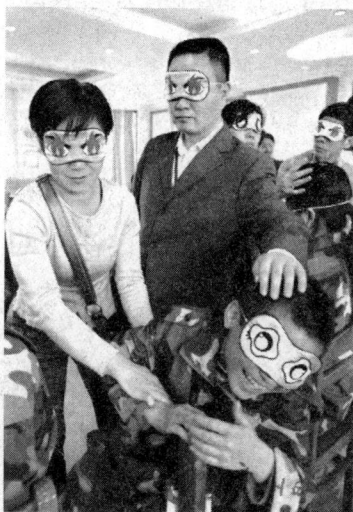

◆网游防沉迷系统给了网瘾患者一个救生圈

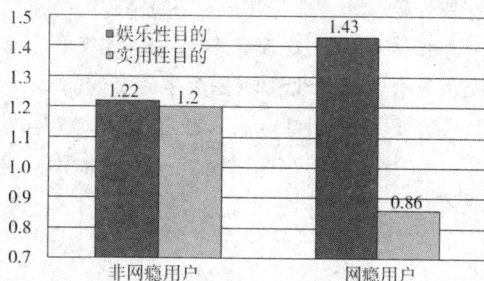

◆非网瘾群体与网瘾群体网上活动目的比较

如何对待网瘾患者？

1.提倡采用综合的心理社会干预措施，开展规范的心理指导、心理咨询、心理治疗。

2.干预目标是指矫正被干预者的心理行为问题，促进他健康地使用网络，改善网络的社会功能，而非中断或终止被干预

◆网瘾需要家庭的关注

者的上网行为。

3. 严格禁止限制人身自由的干预方法（如封闭、关锁式干预），严禁体罚。

4. 对网络使用不当者中伴发明显焦虑、抑郁、强迫等精神症状的个体，应到医疗机构进行诊断，并依照有关临床诊疗规范进行治疗。

广角镜——如何戒除网瘾？

1. 在上网时间上要自我约束，特别在夜间上网时间不宜过长。

2. 注意操作姿势。荧光屏应在与双眼水平或稍下位置，与眼睛的距离应在60厘米左右。敲击键盘的前臂呈90度。光线柔和不可太暗。手指敲击键盘的频率不宜过快。

3. 平时要丰富业余生活，比如外出旅游、与朋友聊天、散步、参加一些体育锻炼等。

4. 在饮食上要注意多吃一些胡萝卜、荠菜、芥菜、苦瓜、动物肝脏、豆芽、瘦肉等含丰富维生素和蛋白质的食物。

5. 出现早期症状应及时停止操作并休息。

6. 一旦出现网瘾综合征，不要紧张，要尽早到医院诊治，必要时可安排心理治疗。

天上掉馅饼——电信诈骗

这是一条短信内容："恭喜您！您的手机号码已被央视节目'非常6＋1'抽取为今日之星。您将获得人民币 58000 元奖金以及笔记本电脑一部。请收到此通知后用电脑登录××网站办理领取手续，官网验证码5168。"您收到过类似的短信或者电话吗？告诉你，这就是电信诈骗的方式之一。多了解有关电信诈骗的相关信息，有助于我们防范被骗。

◆警惕电信诈骗

屡屡得手——电信诈骗的现状

自 2000 年以来，随着我国金融、通信业的快速发展，虚假信息诈骗犯罪迅速发展蔓延，特别是最近这两年，借助于手机、固定电话、网络等通信工具和现代的网银技术实施的非接触式的诈骗犯罪可以说是发展迅速，给人民群众造成了很大的损失。仅 2008 年北京、上海、广东、福建这四个省市因

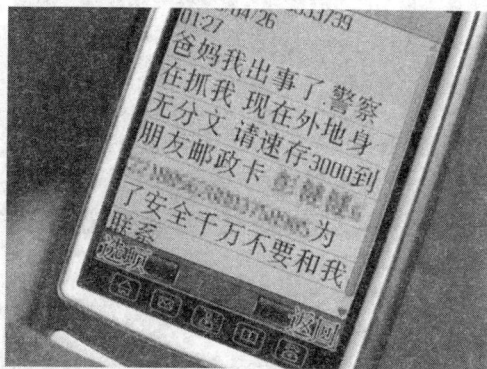

◆诈骗短信

◆中山市公安局召开"打击电信诈骗专项行动"新闻发布会

电信诈骗老百姓被骗走的钱就有 6 亿多。2009 年 1 至 3 月份北京群众损失 6800 多万元，广东群众损失 8000 多万元。骗子的触角已经延伸到全国各地，原来沿海多一点，现在西部地区甚至中部大中城市也屡屡发案。人民群众深受其害，反映非常强烈。从某种程度上讲，电信诈骗已经成为了社会治安的突出问题，成为了社会的公害。有的老百姓被骗了以后甚至是倾家荡产，瞬息之间家里几十万、上百万的毕生储蓄都被骗走。

电信诈骗的特点

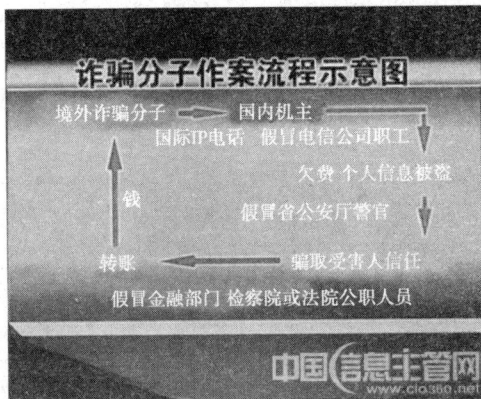

◆电信诈骗流程图

特点一：跨区域作案。手机短信、电话、互联网诈骗没有固定的作案时间和地点，犯罪分子与受害人不接触。作案范围广，犯罪空间相对较大，犯罪分子在甲地，诈骗的对象可能在乙地、丙地。

特点二：用高科技手段作案。此类犯罪利用手机、互联网、电话作为载体，使用 VoIP 群呼平台、短信"群发器"、设立虚假网站、QQ、MSN、SKYPE 等来行骗。

特点三：骗局有多样性的特点。新型诈骗犯罪所设立的名目迎合人们的各种需求及避害心理，以欠费涉案、高薪工作、低价购车、快速办证、低息无抵押贷款、网上低价购物、中奖等等问题设骗局。被害人一旦接收

◆落网的电信诈骗犯

到这类信息，便会试探着去尝试，而骗子则编出种种似乎合乎情理的要求，让受害人一次次心甘情愿地拿出手中的钱财，最终落入骗子精心设计的骗局中。

五花八门——电信诈骗的主要种类

1. 欠费涉案诈骗

通常犯罪嫌疑人通过网络电话（可实现任意改号）联系事主固定电话或移动电话。冒充中国电信工作人员称事主电话欠费，将电话转接至其假冒的所谓公安机关。所谓的公安机关工作人员称事主涉嫌洗黑钱或者涉及秘密案件。然后将电话转至所谓的检察院、法院部门，恐吓事主将其账户内的所有资金冻结，然后要求事主将账户内的资金转至"安全账户"暂为保管。

◆防电话诈骗宣传画

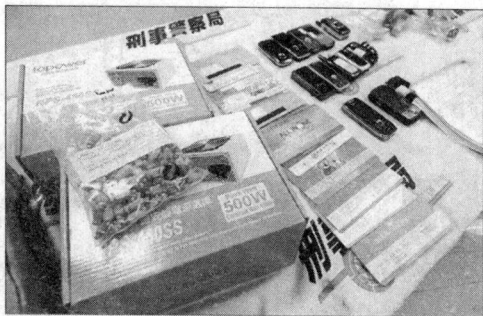

◆电信诈骗作案工具

2. 冒充亲友诈骗

一般由犯罪嫌疑人电话联系事主，让事主猜其身份，从而冒充事主亲友，套取事主资料。犯罪嫌疑人谎称因嫖妓、赌博等原因被公安机关拘留，急需现金赎

身，或谎称在外地急需用钱等理由骗取事主钱财。

3. 中奖诈骗

犯罪嫌疑人通过网络、短信、函件等形式发出虚假"中奖"信息，骗取事主提供手续费用和"税费"等费用。

4. 股票诈骗

通过网络、短信、报刊、杂志、电视广播等媒体发出股评专家信息。骗取受害者汇出"会员费"。以协助炒股的形式，骗取受害者汇出原始股本。

保护自己——增强防骗意识

◆咨询警察

◆公安部召开会议部署打击电信诈骗犯罪专项行动

几乎所有公安机关破获的诈骗案件有一个共同的规律，诈骗犯说出一朵花来，无论花言巧语，无论手法如何翻新，最后都要落到一个点上，就是犯罪分子都要受害人的银行卡、密码和账号。所以要提醒广大网友、群众，在日常工作生活中，千万不要轻信那种来历不明的电话、短信，千万不要轻易透露自己的身份和银行卡的信息，如果有疑问的话，要及时打电话给公安机关求助，哪怕向你的亲友或者比较有见识的人询问一下、了解一下、核实一下。

防范电信诈骗要注意：

第一，电信、银行、公安系统的电话各自有自己的平台。骗子说你的账号涉及洗钱或者

账号不安全，要给你转到一个安全的账号，实际上不可能，因为公安局、银行等机构各自是不同的系统、不同的平台，是不可能直接转过去的，所以千万不要相信他。

◆公安局的短信提醒

第二，目前没有任何单位设置这种安全账号。所谓的安全账号百分之百都是骗子设置的。保守住自己账号的秘密才是最安全的。而且，公检法执法期间要向老百姓了解情况的时候会当面询问当事人，会制作一些相关的谈话笔录，不会电话要求你把银行账号、密码告知，公安机关绝对不会这么做。

第三，税务部门、财政部门对消费者退税的时候都会通

◆坚决打击电信诈骗

过电信、报纸等权威部门公告，比如机动车限行要退养路费会在网络、报纸、电视上作公开宣传，绝对不会打一个私人电话给予退款，这些都是骗人的。如果电话欠费，电信公司就会发一些欠费追缴单，也不会人工拨打电话。凡是涉及自己账户和密码的事情市民定要万分谨慎、三思而行。

网络中的无间道——特洛伊木马

现在有时会听到一些学生说："糟了糟了，我中木马了，我的 QQ 号被盗了。"这里说的"木马"是一种计算机程序，也就是通常说的计算机病毒。这种病毒为什么叫"木马"，中了"木马"病毒有哪些危害？本文将一一叙述。

◆中了木马病毒

"木马"一词的来源

◆特洛伊木马

古希腊的一个传说中讲到：特洛伊王子帕里斯访问希腊，诱走了王后海伦，希腊人因此远征讨伐特洛伊。围攻特洛伊 9 年后仍没攻下特洛伊城，到第 10 年，希腊将领奥德修斯献了一计，就是把一批勇士埋伏在一匹巨大的木马腹内，放在城外后，佯作退兵。特洛伊人以为敌兵已退，就把木马作为战利品搬入城中。到了夜间，埋伏在木马中的勇士跳出来，打开了城门，希腊将士一拥而入攻下了城池。后来，人们在写文

章时就常用"特洛伊木马"这一典故用来比喻在敌方营垒里埋下伏兵里应外合的活动。现在，通过利用计算机程序漏洞侵入他人计算机窃取文件的程序也称为木马，这是一种有隐藏性的、自发性的、可被用来进行恶意行为的程序，一般不会直接对电脑产生危害，而是以控制为主。

目前主要的木马病毒种类

1. 网络游戏木马

一般的网络游戏木马通常采用记录用户键盘输入、Hook游戏进程、API 函数等方法获取中了特洛伊木马病毒用户的密码和账号。窃取到的信息一般通过发送电子邮件或向远程脚本程序提交的方式发送给木马作者。网络游戏木马的种类和数量在国产木马病毒中首屈一指。

◆发现木马病毒

2. 网银木马

目前网银木马是针对网上交易系统编写的木马病毒，其目的是盗取用户的卡号、密码，甚至安全证书。此类木马种类数量虽然比不上网游木马，但它的危害更加直接，受害用户的损失更加惨重。

3. 即时通讯软件木马

现在，国内即时通讯软件

◆针对网上银行也有木马病毒

百花齐放。腾讯 QQ、新浪 UC、网易泡泡、盛大圈圈……网上聊天的用户群十分庞大。常见的即时通信类木马一般有 3 种：发送消息型，通过即时通讯软件自动发送含有恶意网址的消息，目的在于让收到消息的用户点击

◆QQ易受木马侵入

◆网页木马

网址中毒，用户中毒后又会向更多的好友发送病毒消息。盗号型，主要目标在于盗取即时通讯软件的登录账号和密码。工作原理与网游木马类似。传播自身型，"MSN 性感鸡"等通过 MSN 传播的蠕虫泛滥了一阵之后，MSN 推出新版本，禁止用户传送可执行文件。

4. 网页点击类木马

网页点击类木马会恶意模拟用户点击广告等动作，在短时间内可以产生数以万计的点击量。病毒作者的编写目的一般是为了赚取高额的广告推广费。此类病毒的技术简单，一般只是向服务器发送 HT-TPGET 请求。

5. 下载类木马

这种木马程序的体积一般很小，其功能是从网络上下载其他病毒程序或安装广告软件。由于体积很小，下载类木马更容易传播，传播速度也更快。通常功能强大、体积也很大的后门类病毒，如"灰鸽子"、"黑洞"等，传播时都单独编写一个小巧的下载型木马，用户中毒后会把后门主程序下载到本机运行。

6. 代理类木马

用户感染代理类木马后，会在本机开启 http、socks 等代理服务功能。黑客把受感染计算机作为跳板，以被感染用户的身份进行黑客活动，达到隐藏自己的目的。

木马病毒的危害

1. 盗取网游账号，威胁虚拟财产的安全。木马病毒会盗取网游账号，它会在盗取账号后立即将账号中的游戏装备转移，再由木马病毒使用者出售这些盗取的游戏装备和游戏币而获利。

2. 盗取网银信息，威胁到真实财产的安全。木马采用键盘记录等方式盗取网银账号和密码，并发送给黑客，直接导致经济损失。

3. 利用即时通讯软件盗取我们的身份，传播木马病毒。中了此类木马病毒后，可能导致我们的经济损失。在中了木马后电脑会下载病毒作者指定的任意程序，具有不确定的危害性。如恶作剧等。

◆盗取账号和密码的木马病毒

◆用360免费杀毒软件查杀木马病毒

4. 给电脑打开后门，使电脑可能被黑客控制。如灰鸽子木马等。当中了此类木马后，用户电脑就可能沦为黑客手中的工具。

动动手——如何防御木马病毒？

1. 查杀木马（查杀软件很多，一些著名的杀毒软件都能杀木马）。

2. 用防火墙（分硬件和软件）防御木马。家里的就用防火墙软件好了，如果是公司或其他地方就硬件和软件一起用，基本能防御大部分木马。

3. 是现在的软件都不是万能的，还要学点专业知识，有了这些知识，你的电脑就安全多了。现在高手也很多，只要你不随便访问来历不明的网站，使用来历不明的软件（很多盗版软件和破解软件都带木马），木马病毒就不容易进入你的电脑了。

恼人的信息——垃圾短信

你接收到过垃圾短信吗？你曾因为垃圾短信而产生过烦恼吗？垃圾短信，就是凡用户没有定制过的包含有欺骗、色情、诅咒等内容并且是用外地手机或小灵通为发送号码的短信，均为垃圾短信。就是那些并非用户所需要且对用户造成骚扰的，只会消耗接收者时间、侵占接收者手机存储空间的短信。通过本文，你将清楚地知道哪些是垃圾短信，接收到垃圾短信我们应该如何处理。

◆漫画——垃圾短信

垃圾短信的判断标准

依据我国《电信条例》划定出 9 个垃圾短信的判断标准：一是反对宪法所确定的基本原则的；二是危害国家安全，泄露国家秘密，颠覆国家政权，破坏国家统一的；三是损害国家荣誉和利益的；四是煽动民族仇恨、民族歧视，破坏民族团结的；五是破坏国家宗教政策，宣扬邪教和封建迷信的；六是散布谣言，扰乱社会秩序，破坏社会稳定

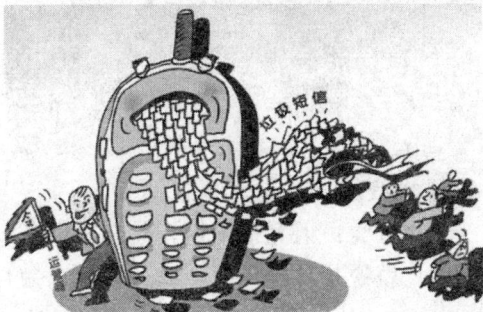

◆垃圾短信害人

的；七是散布淫秽、色情、赌博、暴力、凶杀、恐怖或者教唆犯罪的；八是侮辱或者诽谤他人，侵害他人合法权益的；九是含有法律、行政法规禁止的其他内容的。

垃圾短信的分类

◆垃圾短信种类

◆短信群发器

国内手机垃圾短信大致分五大类：

第一类：骚扰型短信。此类短信多为一些无聊的恶作剧，发送的号码多为手机或小灵通号码。

第二类：欺诈型短信。此类短信多是想骗取用户的钱财，如中奖信息、发送号码多为手机或小灵通号码。

第三类：非法广告短信。如出售黑车、麻醉枪之类。发送号码多为手机或小灵通号码。

第四类：SP（短信业务提供商）违规群发，误导用户定制短信业务。发送号码多为SP接入代码，一般为四位数字。发送号码不分网内网外，既有通过移动号码对联通用户发送的，也有外地联通号码对本区用户发送的。

第五类：诅咒型短信。此类短信多以让更多用户转发为目的。不转发的话，就说几日内，某个或某些亲人会有这样那样的灾难。

小贴士——垃圾短信的危害

1. 利用短信进行勒索、诈骗的违法犯罪活动日渐猖獗（如以中奖、征婚、敲诈等主要方式出现）。

2. 由于一些居心叵测、别有用心的人利用短信传播不实消息和谣言，在群众中造成大面积恐慌，搅得人心惶惶（如非典时期一些地方发生的药品、食品抢购风潮，就与短信中某些虚假消息的迅速传播有关）。

3. 少数不法分子利用短信传播黄色信息，毒化社会风气。

4. 境外少数敌对分子企图利用短信编造、散布各种谣言，引发社会恐慌，破坏社会稳定。

治理垃圾短信的措施

1. 加强立法。利用短信犯罪的案件不断增加，重要原因之一就是目前还没有这方面的专门法规。通过法律法规来规范短信市场是最根本的解决途径。

2. 加强监管力度。电信、网络公司要加强管理，明确责任，制订切实可行的预防措施，相互协调，共同监督。要加大

◆工信部人士呼吁立法定义垃圾短信

技术投入，对短信进行充分过滤，对涉及色情、人身攻击内容的短信要立即删除，对情节恶劣的要追究当事人的责任。

3. 加强对公民道德素质的教育。引导公民自觉学习信息安全方面的知识，培养公众对不良短信的免疫力，不要因贪图小利而上当受骗。公民要努力提高思想素质，洁身自好，不制造、不传播不良短信，有效地消除不良短信生存蔓延的空间。

📢 **知识广播**

如何处理手机垃圾短信

短信举报方式为：移动客户将"发送不良信息号码*不良信息内容"发送至10086999。随后中国移动会向用户回复一条短信，表示已收到举报的不良信息，并将作出相应处理。经举报后的垃圾短信号码经证实后会很快被屏蔽。中国联通用户如果收到垃圾短信，可以转发至"10010"短信投诉举报平台。

常见的垃圾短信内容

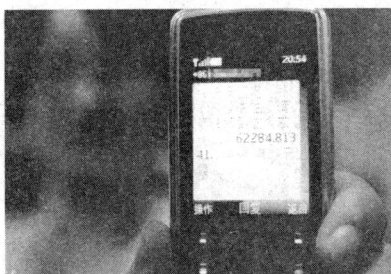

◆骗钱短信

◆欺骗短信

1. 钱汇了没有，那张卡磁条坏了，请汇到这张新卡上，＊＊银行622848158056825＊＊＊户名：李＊＊（汇好来信息）。

2. ＊＊银行即日起推出第三款代客境外理财产品，投资海外优质资产，规避人民币升值风险，尊享高额潜在回报。咨询：5876＊＊＊＊／＊＊银行。

3. 我是激情访谈频道的主持人湘湘，固话拨9501＊＊＊触碰私密话题，固话拨962829＊＊＊与我一起感受激情的瞬间吧，询9501＊＊＊＊。

4. 这么久没联系，挺想你的，还记得我么？好容易问到你的电话，我特意给你点了首歌，还留了一段话，你拨12590＊＊＊＊听听吧，林。

5. 说话方便吗？不方便那我说你听，我们的交谈被人录音了，你用固话或小灵通拨16838550听听吧！询400889＊＊＊＊。

6. 电话录音监控系统帮您公司解决电话引起的纠纷，帮您考察和管理公司人员。真正的企业管理利器。产品咨询热线：800—820—＊＊＊＊。